北大人生课

李　霞◎编著

中国商业出版社

图书在版编目(CIP)数据

北大人生课/李霞编著.—北京:中国商业出版社,2010.6(2021.3 重印)

ISBN 978-7-5044-6922-9

Ⅰ.①北… Ⅱ.①李… Ⅲ.①人生哲学—通俗读物 Ⅳ.①B821-49

中国版本图书馆 CIP 数据核字(2010)第 107905 号

责任编辑:滕 耘

中国商业出版社出版发行

010-63180647 www.c-cbook.com

(100053 北京广安门内报国寺 1 号)

新华书店经销

三河市华晨印务有限公司印刷

* * * *

710 毫米×1000 毫米 16 开 15 印张 162 千字

2010 年 11 月第 1 版 2021 年 3 月第 2 次印刷

定价:45.00 元

* * * *

前　言

北京大学创办于1898年，初名京师大学堂，是中国第一所国立综合性大学，也是当时中国最高教育行政机关。北京大学为民族的振兴和解放、国家的建设和发展、社会的文明和进步作出了不可替代的贡献，在中国走向现代化的进程中起到了重要的先锋作用。爱国、进步、民主、科学的传统精神和勤奋、严谨、求实、创新的学风在北大生生不息、代代相传。

百年北大的历史沿革，蕴含了几代北大人精神与文化的积淀。优秀文化传统与沧桑革命历程的完美结合，不仅为我们积累了丰厚的文化底蕴，而且还形成了北大特有的人文魅力。北大的精神随着时代发展而更加富有内涵，为我们打开向往光明的天窗，让我们能从中吸吮到更多的精神养分。走进北大，可以让自己的精神得到更深层次的升华，可以实现从平凡到优秀再到卓越的历练，从而能更多地领略别样的人生风景，在这个纷繁的世界里能保持心灵的宁静与积极向上的品质，永远处于竞争优势。

作为名校，北大教会我们的不仅仅是知识，更多的是北大的人文精神、北大优秀的思想传统和不断创新的文化给我们所带来的思想启迪。但是，北大所蕴含的人文精神以及所积淀的人生道理，不是简单几句话就能说清楚的。

《北大人生课》一书，就是以浅显的文字和故事来讲述掌握本领、开拓人生、提升境界所必需的人生道理，从而给我们带来感悟和启发，让我们的心灵能得到明亮阳光的照耀，从而找到一种平和与踏实，在绚丽多彩的人生中再搭起一座直通成功的云梯。

北大人都明确，一个人的目标、热忱以及为人处世的方式将决定自己人生的高度。做北大的学生，要不断提高自己对生活的热忱和对事业的追求，因为我们现在的状况都是以前想法的结果；那么，同样的道理，现在的想法将决定我们未来的状况，所以，《北大人生课》是能帮助明天的我们更好地成就理想中的自己。所以，我们要像雄鹰一般制定目标，并且要为目标而努力；做一个诚实、善于思考、重细节、拥有辩证思维的人，要有正确的人生态度；请大家记下，行动永远胜于语言；要善于合作与配合，在帮助别人的同时更要注重提升自己的价值；永远不要轻易开口批评他人，但对别人的批评和建议要虚心接受并认真地思考，这是提高自己的捷径；要认识到学习是对于未来最保险的投资，善于运用学习得来的知识是保障未来的最好技能；语言好比是一个人的第二件衣裳，充满智慧的讲话是生存能力的重要体现；热诚地对待工作和生活，保持热诚之心是自己持之以恒、永葆活力、取得成就的基础；一定要相信自己，尽最大的可能将一切的“不可能”在自己的世界里消除；经营好自己的人际关系，相信成功是可以传递的。

北大的百年成功原理，将会成为我们走向人生巅峰的法宝；每一堂北大人生课，都能促进我们的发展，每一种北大精神，都将照耀我们生活与学习的前进道路；研读北大成功的信条，我们也能逐渐成为社会的精英；拥有一本改变命运的书，将胜过我们在学校中苦读的十年书；成为社会精英还是沦落为平庸之辈，所有的一切都取决于我们自己。

目　录

直站在学术阵地的最前沿，从根本上来说，就是因为，在北大，不论是教授还是学生，对于知识、对于生活、对于自己要做的事情，都持有正确的态度，都有一份坚定的信念与信心，以历来沿革的那份真实与真诚，赢得自己的成就，同时也铸就了一代名校的辉煌。

自信是北大人特有的一种气质。在漫长的人生道路上，拥有自信的人更懂得自强不息和自立。自信也是一个人对自我价值的认可与肯定。拥有一份自信，能够为自己赢得更好的开端；懂得自立自强，能够让我们知道命运握在自己手中；自信、自立、自强的人更有能力把握机遇，用拼搏去成就美好的人生之路。北大人明白信心对自己的重要性，在北大百年的发展史上，我们能感受到他们时刻在用信心激励自己，从而创造一次又一次的成功。

第四章　坚定的行动胜过一切语言 \ 72

我们常说，再美好的理想如果不去行动，它也终不过是一个存在于想象中的梦而已，但是，如果我们去做了，每做一点，就会离我们的理想更近一点。踏实的北大人用实际行动告诉我们，坚定的行动胜过任何的语言和想象。百年北大一路风雨历程、硕果累累，充分地说明了行动在人一生中的重要性。

第五章　友善的合作是共赢的通路 \ 96

任何事物都不是孤立存在的，那么，这就意味着我们做事业都是需要而且是必须要与人合作。北大学者们做研究，并不是自己闭门造车，而是与同行与学生们共同的合作，所以，我们说，北大的成就其实是北大所有精英共同努力的结果，百年北大的成功，就是基于合作的基础之上的。

社会呼吁和谐,其中最重要的就是人际间的和谐。一份和谐的人际关系能让人在生活工作中如鱼得水,把事业做得风生水起,与身边的人和谐相处也可以为自己赢得信任、收获温情。想要让大家尊重你,你也一定要学会去用真诚的心去尊重别人。当你能照顾到别人的感受的时候,其实就为自己种下了一份好的人脉。

在北大,不论是批评者还是被批评者,都能够以正确的态度看待批评,也能在适当的时候进行自我反思。并且,他们还善于用激励的方式去达到批评的目的。这也是北大人能够不骄不躁地一直在学术与做人的道路上不断取得成绩的重要因素。

第八章　学习是永远不会过时的事 \ 161

不论我们是否走出校门，我们终身都离不开的一件事情就是学习。文化知识和社会经验其实都是很重要的，尤其是我们现在处于人才竞争的时代，只有不断充实自己的头脑，才能够发展得更好，更接近成功。不论是在工作还是生活中，时时抱着一份谦虚的心，向身边的人与学习，收获更多的经验。所以，我们要记住，学习是一件永远不会过时的事情。

第九章　像打扮自己外表一样打扮语言 \ 185

我们常说“言为心声”，我们的语言就是我们的第二张脸面。一般来说，看一个人是什么样的，从他的言谈举止中，就可见一斑了。日常生活中，人与人的交流还有我们的工作和学习，都离不开语言。可以说，语言是一种最重要的交流与表达方式。所以，我们一定要合理地运用语言这一工具，来实现与人的交流，让语言为我们服务，从而使我们更好完成自己的工作，走向成功。

第十章　热忱可以解决生活和工作的难题 \ 210

热忱是一切成功的底蕴，也是追求物质幸福者所必备的一种核心精神。在日常生活与工作中，我们不论做什么事，都离不开热忱。拥有它，会让你能保持一份永远向上的动力，也能做一个真正快乐的人。热忱也是一个人成功的一个必要的条件，如果我们能保持对自己所从做事业的一分热忱的话，我们就会收获很多意想不到的东西。

第一章　明确的目标就像灯塔

在北大人的心目中，不论是做事还是为学，都有一个明确的目标，并且这个目标就如同为他们指路的灯塔一样，在他们的事业中，引领他们向着预定方向前进。于是，我们看到不管是哪一代北大人，不管是在什么样的时期里，遇到什么样的困难，他们都一如既往地坚持自己的理想，就是因为，在他们心中，一直有一个不可改变的目标，这也正是一代一代北大人在学术以及各个领域里取得重大成就的关键因素。

要有明确的奋斗目标

在北大，所有的人最深切的感觉就是：不论做人做事还是做学问，都要有一个明确的目标。很多的时候，我们不能改变客观的东西，但是可以在自我能力范围之内，把事情做得更好。做事有一个明确的目标，这样会更容易成功。

任小萍女士，曾任北京外交学院副院长，在她的职业生涯中，每一步都是根据组织需要安排的，自己并没有提出更多要求。但在每一个岗位上，她却有自己的选择，那就是要比别人做得更好。

二十世纪六十年代后期，任小萍成为北京外国语学院一名工农兵学员。当时在班上，她年纪最大，水平也最差，第一堂课就因为回答不出问题站了一堂课。第二天，教室里挂出一条横幅："不让一个阶级兄弟掉队"，显然她就是大家说的这个"阶级兄弟"。不过，等到毕业的时候，她成为全年级最好的学生之一。

大学毕业后，任小萍被分配到英国大使馆做接线员。做一个小小的接线员，也许很多人会认为，这是一份很"没出息"的工作，但是任小萍却把这个普通工作做出了不同。她把使馆内所有人的名字、电话、工作范围甚至连他们的家属名字都记得滚瓜烂熟。有些电话进来，有事不知道该找谁，她就会多问问，尽量帮对方准确地找到相应的负责人。慢慢地，使馆人员有事要外出的时候，并不是告诉自己身边的翻译，而是给她打电话，告诉她会有谁来电话，请转告什么，有很多公事、私事也都委托她来通知，任小萍成为全面负责的留言点、大秘书。

有一天，大使竟然也跑到了电话间，笑眯眯地表扬她，这可是破天荒的事。结果没多久，她就因工作出色而破格调到英国某大报记者处做翻译。

该报的首席记者是一个名气很大的老太太，曾经得过战地勋章，还被授予勋爵，可以说是本事大、脾气也大的一个人，把很多前任翻译都给赶跑了。老太太刚开始也不要任小萍，因为看不上她的资历，后来才勉强同意试一试。

一年以后，老太太对别人说："我的翻译要比你们的好上十倍。"不久，工作出色的任小萍就被破例调到美国驻华联络处，她干得又同样出色，并获外交部的嘉奖。

我们看到了，任小萍的目标就是，把自己手头的工作做得更好。这看起来很容易，实际上，如果没有一个坚定的信念，没有一定的能力，这个目标是不太容易实现的。任小萍做到了，她成功了。

如果上天赐给了你一块顽石，请不要怨天尤人，也不要自暴自弃，你需要做的是拿起手中的刻刀，把顽石雕磨成一块美玉；如果别人已经为你铺好人生之路，也不要失望，更不要悲伤，你需要做的是迈开自己的双脚，从这条路通往成功之门。

我们再看一个反例，曾经有北大一位朋友说起了他的一位朋友的事：

他朋友是一位智商一流、持有大学文凭的才子。一段时间里他决心要"下海"去做生意。

当时股市风头正火，朋友们也建议他去炒股票。于是，他便豪气冲天地接受了朋友的建议，但是在去办理股东卡的时候，他却犹豫起来，想："炒股有很大的风险啊，还是再等等看吧。"

后来又有几位朋友建议他到夜校去兼职讲课，他也很有兴趣。但是到了快上课的时候，他又犹豫了："讲一堂课才二十几块钱，真没有什么意思。"

这样过了两三年，他一直没有"下"过海，只看着身边的人有"呛水"的，有"上岸"的，他最终碌碌无为。其实，他本身是很有天分的，但却一直在犹豫中度过了。

这个世界上有很多人光说不做，总在犹豫；有不少人只做不说，总在耕耘。成功与收获总是光顾有了成功的方法并且付出行动的人。而那些有收获的人，往往都是有思想能坚持理想与信念的人。

没游过泳的人站在水边，没跳过伞的人站在机舱门口，都是越想越害怕，人处于不利境地时也是这样。治疗恐惧的办法就是行动，坚定自己的信念，毫不犹豫地去做。再聪明的人，也要有积极的行动。

成功是由自己来决定的

在北大人心中，一直以来都认为，所有的成功都是取决于自己的，而且他们也都是这样做的。每年新学生入学，他们的老师也会这样教导他们。其实，成功也不是想象的那么难，最关键是看你知道不知道自己要什么，怎么去做。下面一位北大人的讲述，会让我们更加明白，成功在于自己。

早晨我驾车上班的时候，通常会遇到三个卖报的年轻人。他们每一个人都有一套独属于自己的卖报策略。但是其中一个人总能最先卖完报纸。事实上，另外两人所处的位置比这个人的要优越很多。我日复一日地从他们三个身边经过的时候，我逐渐意识到，那个年轻人的成功与他选择的位置是毫无关系的。

第一个卖报人，总是站在丁字路口，他似乎永远是一副愁眉苦脸的样子。当乘车人招手索要报纸的时候，他总是缓慢地走过去，当顾客刚看清他那招牌式的苦瓜脸时，他已经生硬地将报纸塞进了车窗。如果赶上下雨天，就很难寻觅到他的踪影了。在一般情况下，雨天买不到他的报纸。我其实并不会在内心怪罪他，但当我迫切地想买一份报纸，而又无法看到他的时候，我就难以忍受他这样的工作态度了，估计其他过路的人也是这样想的吧。所以，后来我再也不从他那里买报纸了。

第二个卖报人，也是常站在十字路口，红绿灯带给他不少的便利。一旦有乘车的人被红灯所阻的时候，他就会前前后后地在停下的车队旁奔跑着，大声叫喊着他所卖报纸的名字。不过，我有几次试图从他那里买一份报纸，却都未能如愿，因为他总是忙于奔跑于车流间，很难锁定他的位置。我招手、喊叫，但他似乎从来就没有注意到我。后来，我也不去买他的报纸了。

第三个卖报人，总是会很固定地站在繁华街道的中央。他常常是双腿略微分开，以保持他的站姿。他的手中拿着几份报纸放在胸前，以便于司机和乘客们从他的身边驶过的时候，能够瞥一眼大字标题。他从来不随着车辆去走动，他总是等着他的顾客驶向他的身边。他用让人愉快的“早上好”去问候每一个从他身边走过的人，当有人慢下来打算购买报纸的时候，他的脸上总是会绽放出灿烂的笑容。他友好的态度给我留下了深刻印象，相信路人们也都有这样的感受。当我驾车离开的时候，他还会在后面大声说道：“谢谢你！祝你有快乐的一天！明天见!”并且，他总是设法在卖出报纸的几秒钟之内，把这些话语说得清清楚楚，并且悦耳动听。

没错，大家看出来了，第三个卖报人是我最喜欢的。其实，很多过客也是这样的，这个人也是我开头说的，最早卖完报纸的人。想必你会说，这也没什么大不了，不就是卖出一张报纸吗？但是我们完全可以从三个卖报人身上体会到很多东西：

一是，你的工作可能并不是你理想的工作，但你完全可以凭借你所做的一切来使自己感到充实和快乐；

二是，即使是几秒钟的短暂时间也同样能给他人留下深刻的印象，所以不要因为时间的短暂，就忽略了自己的言行；

三是，你的好行为不可能都有美好的回报，但糟糕的行为一定会导致糟糕的结果；

四是，要时时有一颗懂得感恩的心、一个甜美的笑容、一句简短的问候，尽管这些都是最细微不过的表现，但日久天长，它们所带给你的回报会远远超出你的想象；

五是，战胜竞争对手最好的方法，就是要提供更好的服务。

其实，无论是谁，也无论处于什么样的环境，面对竞争，要想取得成功并不全是由人所处的位置决定的，而是由人自己决定的，战胜对手最好的方法是提供比对方更好的服务。那甜美的笑容、那简短的问候、那种感恩的内心是打动人最好的武器，不计回报的真诚的付出，收获的将是人世间由衷的赞许。

坚定自己的信念

北大历经百年的风风雨雨，却屹立于学苑名流，一直为多少学子树立着典范。在北大成功的信条当中，最值得称赞的就是几代北大人身上的那种坚定的品格。而且这种有坚定信念的品格也是我们在日常生活学习中不可或缺的一种品格，一个人，如果拥有一份坚定，他离成功也就不远了。

我们都熟悉的戴尔·卡耐基，年轻的时候曾经干过许多不同的工作，但是都没能有出色的表现。后来，他到了汽车公司推销汽车，工作依然没有调动起他的激情。他在推销的时候，只是像背书一样把汽车的性能、价格、优点等都一一说上一遍。直到有一天，一位老人来看车，卡耐基又把他常背的“汽车推销经”背了一遍，老人听完后说：“孩子，你这样推销，怎么能吸引顾客呢?”

老人的话让卡耐基内心受到了震动，他和老人攀谈起来。卡耐基告诉老人：他也有自己的梦想，就是想做一名作家，因为他认为自己是有这方面的才能的，但就是怎么也下不了决心。

老人就反问他，为什么不去做呢？写作也是可以赚钱的。并且那老人一口气说出了好几位作家的名字，并列举了几本销量超过100万册的图书。

“可是，老先生，”卡耐基说，“我现在还不敢放弃我的工作，虽然我干得很不出色，但这样的工作可以让我稳当地赚钱和生活。”

“可是，你为什么要让你的才能迁就于这平淡的生活呢？你应该从事那份能让你发挥才能的事业，虽然会有风险，但如果你确实有这方面的能力，又何愁不能成功呢？至少你应该试一试，否则你将会抱憾终身的。”老人这样对他说。

老人的话让卡耐基茅塞顿开。是的，虽然辞去工作去开创新的事业会有风险，但如果自己确实有某一方面的才能，那一定会比从事那些自己不喜欢、不擅长的工作要更成功，更何况写作确实是可以赚大钱的。到后来，卡耐基以他独特的见解、开放的教学方式去授课，改革了成人教育的方法，越来越多的人来听他的课、买他的书，卡耐基的才能得到了更加充分的发挥。

我们都知道，独立开创一份事业肯定会有风险，但是要让自己的才能迁就于平淡的生活也许才是最大的风险。平常生活中，很多人总喜欢过简单的、没有太大风险的生活。然而就是这种无风险，往往是扼杀才能的一把利刃。

所谓激情成就梦想，才能造就人生。在这里，还有一份对自己坚定的信念，人才能更好地去接近自己的目标和梦想。所以，一个人一定要懂得如何去利用自己的才能，使自我实现的价值达到最大化。如果甘愿平庸而渐渐埋没自己的棱角，那只能会让自己那一份灵性和锐气随着岁月的流逝而渐渐散去，最终成为一个身无所长的人。其实，找准一个适合你的舞台，使你能够尽情地挥洒才能，不论前面是不是有风险，只要能坚定自己的信念，就可以让精彩如花般绽放，让生活绚烂而辉煌。

事实上，我们常说坚定信念，好像是在说空话，说大话，但是，有的时候，坚定信念其实也不是太难的事情，难的是一直坚持不让自己的信念迷失或者消退。

有这样一位年轻的警察，他在一次追捕逃犯的行动中，被歹徒用枪射中了左眼和右腿膝盖。三个月以后，当他从医院里出来的时候，他完全变了样了：一个曾经高大魁梧、双目炯炯的英俊小伙子，成为一个又跛又瞎的残疾人。

鉴于他的功绩，政府和其他一些社会组织都授予了他许多的勋章和锦旗。

有一位记者去采访他，问他说："你以后将会如何面对自己所遭受到的厄运呢?"

这位年轻的警察几乎是不假思索地说："我只知道歹徒现在

还没有抓获，我一定要亲手抓住他。”

从那以后，他不顾亲人和朋友们的劝阻，一直坚持参与抓捕那个歹徒的行动。为此，他拖着残疾的身体，几乎跑遍了整个国家，甚至还有一次，为了一个很微不足道的线索，独自一人去了欧洲的几个国家。

过了几年以后，那个歹徒终于被抓获了，这位警察在抓捕行动中起了非常关键的作用。

他再一次成为英雄，社会各界给予了高度的评价并为他举办了庆功会。当时的许多媒体都报道了他的事迹，称赞他是最勇敢、最坚强的人。

然而，令人意想不到的事情发生了。在这以后不久，这位警察却在自己的卧室里割腕自杀了。在他的遗书中，人们读到了关于他自杀的原因：“这些年来，让我活下来的信念就是抓住凶手……现在，伤害我的凶手被判刑了，我的仇恨已被化解，生存的信念也随之消失了。面对自己的伤残，我从来没有这样绝望过……”

这位警察的故事，给我们做了很好的说明，一个人失去一只眼睛和一条健全的腿，甚至于其他的肢体或者器官这些其实都是不可怕的，最可怕的是一个人失去了生活的信念和追求的目标。我们说，信念是人生命的脊梁。一个人活着，无论外界的环境多么恶劣，只要心中信念的灯亮着，所有的绝境和困苦都算不了什么；反之，这是谁也无法拯救的事情了。

如果你不知道自己要什么，就什么也得不到

几乎是每一个人都知道金钱的用处，也都想发财，换句话说，就是都想成功。但是，往往是由于没有确定恰当的目标，以至于许多渴望致富的人像无头苍蝇一样撞来撞去，这是造成大多数人不能致富或者不能成功的主要原因。正像一句谚语所说的那样：如果你不知道要到哪儿去，那通常你哪儿也去不了。

北大人认为，人们对于追求财富或者成功，如果自己内心有明确的目标，这目标便会引导你坚定地朝着成功去迈进。有人归纳出把欲望变为财富的模式：

一是，要在脑海中孕育着成功的欲望，欲望越来越强烈以后，逐渐升华成为奋斗的目标；

二是，通过冷静的思考，确定实现目标的规划；

三是，目标确定了，规划制定了，然后以破釜沉舟的勇气，持之以恒、坚定不移地向目标迈进。

将脑海中孕育想要成功的欲望，转化成一个明确的目标，然后集中精力为可以达到的目标而奋斗，这是绝大多数人走向成功的秘诀。

我们说，一个人面对自己，缺乏明确的目标，或许也正是他

不能够走向成功的原因。美国的作家盖尔·希伊曾经出版过一部畅销书《开拓者们》。他在撰写这部书的时候，通过一份内容十分广泛的“人生历程调查问卷”，间接地访问了各行各业的六万多人，他发现那些成功的和对自己生活满意的人至少有两个共同的特点：

第一，他们喜欢有更多的亲密朋友；

第二，他们都致力于实现一个略高于其实际能力的目标。

根据盖尔·希伊的研究，这些“开拓者”觉得他们的生活很有意义，并且比那些没有长远目标驱使其向前的人更会享受生活。

北大教授指出，我们需要根据自身的基本条件与潜在能力，制定一个有一定难度但经过努力又可以完成的目标。如果目标定得太低了，就会无法充分地发挥个人的潜力；如果目标定得太高了，又会因事实上确实无法实现而让人灰心。用专家的话来说，合理的目标就是“跳起来摘苹果”。苹果如果伸手可摘会让人觉得太容易了，遥不可及，看到摘不到也会让人失去希望，唯有跳起来能摘到苹果，既能激发起个人的能动性，又能达到目的。因此，我们在制定目标的时候，必须衡量自己的能力，稍高于自己能力可做的程度，那才是恰当的目标。

有一个商人，他在日本、东南亚以至美国都有自己的大楼，作为贸易商，他在华侨当中是屈指可数的成功者。有人向这位华商请教如何成功的秘诀，他的回答是：制定目标，然后实现它。

除此以外，没有其他捷径和妙方。事实上，这位华商确定10倍、100倍的财富增长目标，然后不惜用比别人大3倍到4倍的努力工作去实现它。

一般来说，确立任何目标都需要考虑到以下的三个原则。

一是可量度性。

如果财富的目标是："我要做个很富有的人""我要发达""我要拥有全世界"……那么我们可以肯定，这个人最后很难富起来，因为他的目标是那么抽象、空泛，而且又是极其容易改变的目标。什么是很富有？拥有1万元？10万元？100万元？1000万元？拥有全世界是什么意思？是拥有洋楼抑或宝石，还是山河、石头？最重要的是这个目标是否有一半机会成功，如果没有一半的机会成功的话，请暂时把目标降低一些，务求它有一半的成功机会，在日后当该目标成功后可以再适当调高。

二是时间性。

要完成整个目标，你要定下一个期限，在什么时间内把它完成。你要制定目标完成过程中的每一个步骤，而且把完成每一个步骤定下一个期限。

三是方向性。

如果你有一个只有一半机会完成的目标，等于有一半机会失败，当中必然会遇到无数的障碍、困难和痛苦，这些障碍、困难和痛苦会使你远离或脱离目标路线，所以必须确定了解你的目标，必须预料你在完成目标过程中会遇到什么困难，然后逐一把它详细地记录下来，并加以分析，评估风险，把它们依重要程度排列出来，与有经验的人共同的研究商讨，把它解决。

目标是对于所期望成就事业的一种真正的决心，有了目标才会有动力，才会更好地达成成功。如果没有目标，就只能在人生旅途上徘徊，永远也到不了任何地方。

为自己想要的去努力

在北大，几乎所有的人都有一个约定俗成的观点，那就是，为自己想要的去努力。这一点，没有人明确地说出来，但是，大家都是这样去做的。所以，我们常常能看到北大人的成就。其实，在成就背后，最关键的就在于他们能明确，自己的人生中要为自己想要的努力。现在，不只是北大人，很多的人都已经明白了，要为自己想要的去做、去努力。下面这个例子，也能体现出人们这种坚定追求的品格。

他生长在一个普通的农民家里，小时候家里很穷，他在很小的时候就跟着父亲下田干活了。有一次在田间休息的时候，他望着远处出神。父亲就问他想什么，他说，将来长大了，不要种田，也不要上班，他想每天待在家里，有人给他往家里寄钱。父亲听了，当时就笑着告诉他说这是个荒唐的梦，让他别做梦了。

父亲保证说肯定不会有人给你寄钱的，你什么也不做，哪儿来的钱呢。

后来他上学了。当从课本上知道了埃及金字塔的故事后，他就对父亲说："我长大了也要去埃及看金字塔。"

父亲生气地拍一下他的头，说："真荒唐！你别做梦了！我保证你去不了的。"

十几年以后，当年的少年长成了青年，他考上大学，毕业后做记者、写文章、写书。平均每年都会出几本书，一本书就能卖几百万册。这样，他每天坐在家里写作，出版社、报社给他往家里寄钱。他用寄来的钱又去了埃及旅行，他站在金字塔下，抬头仰望，想起小时候爸爸说过的话，他在心里默默地对父亲说："爸爸，人生没有什么能被保证！"

他就是台湾最受欢迎的散文家林清玄。他那些在他父亲看来十分荒唐的不可能实现的梦想，在十几年后都变成了现实。

我们每个人小的时候都有美好的梦想，有的想当作家，有的想当画家，有的想当科学家。正是这些梦想，为我们未来种下了一颗成功的种子。因为梦想就是希望，是一种直觉，是与你天性中的潜力最密切相关的。但是梦想又往往和现实有着一些看似遥远的距离，所以人们需要去认真地经营。经营梦想就是通过自己不懈的努力把看似遥远甚至还是有些荒唐的梦想一步步地变成现实。

每一个人最初的梦想，在别人看来都是不可行的，因为别人只能用已知的理论来判断梦想的价值，而世界上许多在当时被看作是虚拟荒唐的不切合实际的梦想，最后都一一地变成了现实。我们可以翻开资料看一下，几乎所有的伟大发明、创造基本上都是从最初的虚拟荒唐逐渐走向清晰并最终变成现实的。林清玄也不过是一个农家子弟，他想待在家里，想让别人给他寄钱，想上埃及看金字塔，这些看起来都是十分好笑的事，所以，当时连他父亲都在嘲笑他，但是他为了实现自己的梦想，十几年如一日，每天早晨四点就起来看书写作，每天坚持写三千字，每年就是一百多万字，终于成为台湾最优秀的散文家，实现了自己的梦想。

其实，每一个成功者，最初的时候和我们都是一样，在心里都种下过自己的梦想，但是不同的是：他们会经营自己的梦想，把梦想当作自己生活的目标，每天为了这个目标而努力学习，勤奋工作，一点点缩短现实与梦想的距离，最终把梦想变成现实；而不是把梦想仅仅作为梦想，夜晚的时候在梦中想一想，白天的时候又放下，退回到现实生活中，甚至不想，也不付诸行动。

有位哲人曾说过：世界上一切的成功、一切的财富都始于一个意念，始于我们心中的梦想。也就是说：成功其实很简单。即先有一个梦想，然后努力经营自己的梦想，不管别人说什么，都不要轻易地放弃。你要坚信：世界上没有什么能被保证，只要是我们能梦想的，我们就一定能实现！

我们常常说，梦想始于意念，而成于行动。梦想不仅需要拥抱，更要我们去努力地经营。成功者不仅是在心中种植梦想，更是用勤奋的汗水去浇灌梦想，用步履去丈量。

那么，在这个需要经营梦想的时代，让我们一起经营梦想，品尝生活吧！

不放弃自己的理想

我们常能感受到北大人的成功，或许在很多时候，我们还会羡慕他们的成功，不过，我们可能忽略了一点，那就是，北大人之所以成功，和他们对自己理想永不放弃是分不开的。从蔡元培的坚持到马寅初的不说假话，再到季羡林……许许多多的北大人的坚持，才有我们今天看到的北大人的各方面的成功。其实，在生活中，不放弃自己理想的例子有很多，我们可以从下面的故事中看出来：

二十世纪四十年代末，在美国西部一个荒凉的沙漠里，正在拍摄电影《英雄的使命》。

大导演约翰·福特坐在一把折叠椅上，拿起话筒喊："第一百三十七场，鲁迪·博门，现在轮到你了！"

导演话音没落，一个身着骑兵制服的人从人群当中走了出来，他走到表演场地，立刻躺到地上，头正好对着摄影机。

三个身着同样骑兵制服的电影明星站在他的周围，其中一个俯下身子对他说话："鲁迪，不要紧张。"

鲁迪没有作声，只是微笑了一下。他在心里默念着最后一次台词，虽然台词只有三十来个字，但他从未这样激动过。这是他一生中最重要的日子……

鲁迪的前半生过得很不错。1910 年，他刚刚二十岁，在靠近费城的一个小镇子里，就已出了名。他有一副奇妙的嗓子，无论是讲话还是唱歌都非常地动听，天赋使他很快成了一个名演员。

第一次世界大战爆发后，他和同龄人一起应征入伍，当胜利即将来临的时候，不料却是祸从天降，他和十几个战友去攻打德国炮兵营，一颗炮弹将其他战友都炸死了，只有他活了下来。医生为他施行了紧急手术。

手术后，医生对他说："朋友，我不得不把真相告诉你，你的声带被弹片切断了。"

不过，鲁迪并不放弃自己能发声的希望，他坚信，自己还能说话。所以，当伤口一愈合，他就拼命地练习发音，尽管护士们都阻止他，但他还是周而复始地练习。

在经历过许多个日日夜夜以后，他终于有了收获。在喉膜和喉咙肌肉的帮助下，他猛地吹动空气，终于发出了依稀可辨的声音，而且让医护人员都听懂了他的意思。不过那仍然是一种听起来很骇人的声音，像是一种嘶叫、喊叫或者说是非人的声音，但这毕竟是一种话音。在当时的美国，鲁迪成了唯一一个的没有声带也能讲话的人。

更令人意料之外的是，鲁迪的演员生涯还因此得以继续。二十世纪二十年代初，无声电影诞生了。既然不能演戏，他就转行去演电影。而这时候，请鲁迪演电影的人越来越多，开始只是请他演一些小角色，不久以后，就有人请他当大角色了。

在无声电影里，需要有夸张的表情和动作，这正是鲁迪在日常生活中不得不做的事情。因此，鲁迪在摄影机面前能够熟练地运用眼神和姿态，准确无误地表达其他人往往只能用语言才能表达出来的思想和感情。他这个没有声带的人在电影里演得最为逼真。也正是电影赋予了他新的生命。在摄影棚里，他又能和其他普通演员一样平起平坐了。当摄影机一转动，那些有着好嗓子的演员只好和他一样用他们的手、腿、身体、眼睛和整个面部的肌肉来表达剧情。与不幸的命运截然相反，残疾帮了鲁迪的忙，很快，他成了一个非常有名气的大演员。

然而到了二十年代末，有声电影诞生了。这样一来，作为一个电影演员，也更需要有一副好嗓子才行。

这对鲁迪来说，简直是一个晴天霹雳。他认为自己不能离开电影事业，电影是他的生命，他需要摄影棚里的那种气氛和摄影机那轰隆隆的转动声，但因为他不能说话，他的演艺生涯开始走下坡路。

于是，鲁迪成了一名配角。他穿着不同时代的服装，扮演过多少过路人；扮演过多少毕恭毕敬端着盘子的饭店小伙计；扮演过多少从背后挨了一刀的哨兵……所有这些都是一些微不足道的角色，没有讲过一句话。每一次，他都是难过地离开摄影棚，甚至不敢和那些过去是他的老搭档现在成了大明星的人握手。

但是，他一直内心里相信自己可以开口说话，可以讲出台词。于是，他竭尽全力想得到一个小小的可以开口讲话的角色，哪怕是讲“您好”“谢谢”几个字也行。但所有的导演都拒绝了，因为他所谓的嗓音实在是太难听了，那声音会毁了整场戏的。最后，他请求大导演约翰·福特能够给他一次机会。福特想了想说：“好吧！我的老伙计。”

于是，鲁迪被福特安排在电影《英雄的使命》里演一个受了致命伤的美国骑兵，临死前讲三十个字的最后遗言。

福特大声说“开始”以后，摄影机转动起来。

“别管我……连长，请原谅我的大胆……可我是按骑兵的伟大传统……”

他拉扯着嗓子，用尽全身气力抠出二十三个沙哑的声音来。突然，他失声大恸——这特别的表演是原剧本所没有的。其他三个演员——三个电影明星此时再也掩饰不了自己激动的感情，摄影机对着他们颤凛的面容。

鲁迪用尽最后力气抽动着喉咙的肌肉，挤出台词中的最后七个字：“完成了我的使命……”

按照剧情的要求，鲁迪不能再出声，他扮演的角色死了。其他三个演员像剧本事先规定的那样，向死去的骑兵缓缓地脱下军帽。

此时，静悄悄地站在荒漠中的其他人——包括所有的演员、群众角色、技术人员仿佛感到他们脱帽不是向死去的骑兵而是向鲁迪致以崇高的敬意!

记得有一首诗这样写道：“……永不放弃，永不心灰意冷，永存信念，它会使你应付自如……只要有耐心，梦想就会成真。露出微笑，你会走出痛苦，相信苦难定会过去，你将重获力量。”是啊，如果我们放弃了努力，就如同鸟儿折断了翅膀，河水冻成了冰霜。篮球巨星乔丹说：“我可以接受失败，但无法接受放弃。”事实上，只要勇敢地迈开步伐，向艰难险阻挑战，命运之神也会屈服。

第二章　正确的态度才能保证走在正确的路上

北大走过百年风风雨雨，不仅没有被历史遗忘反而一直站在学术阵地的最前沿，从根本上来说，就是因为，在北大，不论是教授还是学生，对于知识、对于生活、对于自己要做的事情，都持有正确的态度，都有一份坚定的信念与信心，以历来沿革的那份真实与真诚，赢得自己的成就，同时也铸就了一代名校的辉煌。

坚定的信念，让一切成为可能

我们常常说到北大的成功、北大人的成功，但我们要知道，在这些成功的背后，一直有一种坚定的信念在做支撑，正是这样，在历史的风雨中，北大不仅没有被风浪打倒，反而是越来越坚定地站在文化阵地的前沿。北大人一直以坚定的信念走出独属于他们自己的道路，这不得不说也是一种人生的独特风景。事实上，不论是治学还是做人，当面对一些事情的时候，我们都要有坚定的信念，像北大一直的风格一样，把我们自己的人生做得更精彩。并且，在实际生活中，我们还是能看到很多这样的例子。

曾经有这样一个小故事。

杰克是一个普通邮差，但是，他始终坚信自己的使命并不只是传递信件，他还要向人们传递一种快乐。因此，杰克的口袋里总是装着许多小纸条，上面写着一些话。诸如“享受生命每一天”“何不笑口常开”“别再烦恼”“有你，别人是幸福的”……他将信件和电报送到人们手中的同时，也把这些话语留给了他们。所以，他走到哪里，就能把快乐的种子传到哪里。因此，大家都喜欢杰克的造访。

第二次世界大战爆发了，杰克一心想从戎报国，然而，却因为年龄太大而无法如愿，不过这也难不倒他，他自告奋勇地到了野战医院，做了一名志愿者，协助医院救死扶伤。

残酷的战争夺去了许多人的生命，杰克眼看着许多战友从自己身边离开，而自己却无能为力，心中不禁也是无限酸楚。

有一天，他有感而发地在医院的墙上写了这样的一句话：“没有人会死在这里！”

但是他的行为引起了大家的反感，因为，越来越多的人死在医院里，杰克这样一写未免让人觉得更加辛酸。但是，也有一部分人觉得这并不代表什么，更不必擦掉。于是，那句话一直没有人去擦，一直留在那面墙上。

后来，不知道过了多少时日，伤员、医生、护士都渐渐记住了杰克写在墙上的这句话。说来也奇怪，不知从什么时候开始，这家医院里死去的伤员越来越少，后来，逐渐转变成几乎没有死亡。对此，许多人都感到莫名其妙。

最后，还是院长为大家揭开了其中的奥秘。其实，奥秘就是杰克写在墙上的那句话——“没有人会死在这里!”正是这句话，鼓舞了伤病员们的信心，让他们有更坚定的战胜死神的信念与信心，从而都能坚强地活了下来；也正是因为有这一句话，医生和护士们都在尽力地给予病人最精心的医治和护理，他们也坚信，病人们能更快地康复。这个医院也由此成了一家有坚强信念的医院，每一个进来的人脸上都会洋溢着坚毅和刚强的表情。

其实，我们也看到了，有时候仅仅是一句简单的话，就能唤起生命的滚滚春潮，这就是信念的力量，它就像是一粒不起眼的种子，一经播种在人心灵的原野上，就能生长成信念的参天大树；它又像一缕微不足道的轻风，一旦吹拂在萧索的心田，定能解冻生命的万水千山。所以，我们说希望无限，信念无敌。

信念，有时会激发人体内所藏的巨大潜能，从而迸发出让人惊奇的力量。信念有如灯塔，在黑暗如磐的时刻为人们高擎着一星熠熠的光明；信念有如泉源，在焦躁干渴的时分清澈地洗涤人的心灵，让心灵又重新充满活力。信念不灭，梦想便也不倒，目标才有实现的可能，人生才有希望与感动弥漫。

信念可以这样理解，好比在沙漠里，干枯的沙子有时候可以是清冽的水——只要你的心里驻扎着拥有清泉的信念。“这个世界上，没有人能够使你倒下。如果你自己的信念还站立着的话。”这是著名的黑人领袖马丁·路德·金的名言。即使在最困难的时候，也不要熄灭心中信念的火把。

有一支探险队在浩瀚的沙漠中艰难地跋涉着。头顶骄阳似火，烤得探险队员们个个口干舌燥，挥汗如雨。最糟糕的是他们没有水了。在沙漠中，水就是他们赖以生存的信念，信念破灭了，人就会像塌了架、丢了魂。所以，他们不约而同地将目光投向了队长。这可怎么办呢？

队长从腰间取下了一个水壶，两手举起来，用力晃了晃，惊喜地喊道：“哦，我这里还有一壶水！不过，在走出沙漠之前，谁也不能喝。”沉甸甸的水壶在队员们的手中依次传递，大家都在摇晃水壶以后露出了欣喜的笑容。原本那种濒临绝望的脸上又显露出坚定的神色，一定要走出沙漠的信念支撑他们踉跄着，一步一步地向前挪动。看着那水壶，他们抿抿干裂的嘴唇，陡然间增添了力量。

终于，探险队死里逃生，走出了茫茫无垠的沙漠。就在大家喜极而泣的时候，在久久凝视着那个给了他们无尽信念支撑的水壶的目光中，队长小心翼翼地拧开水壶盖，把壶口倾斜，从里面缓缓流出的却是一缕缕沙子。他诚挚地说：“只要心里有坚定的信念，干枯的沙子有时也可以变成清冽的泉水。”

人世中的许多事，只要想做，就能做到，该克服的困难，也都能克服，用不着什么钢铁般的意志，更用不着什么技巧或谋略，只要有一份坚定的信念。只要一个人还在朴实而饶有兴趣地生活着，他终究会发现，造物主对世事的安排，都是水到渠成的。

三思而后行的人，很少会做错事情

在北大，感受最深的就是那种勤于思考和关于思考的作风。从教授到学生，都是本着“行成于思”的精神的。三思而后行，在北大人身上，可以说体现的是淋漓尽致了。并且，北大人常会引用古人的故事来说明这些人必须具备的品格。

据说，卫灵公喜好美色，他不仅后宫佳丽如云，还养着一些男性嬖臣。弥子瑕是嬖臣中最受宠爱的一个，卫灵公把他当成了宝贝，可以说是捧在手里怕摔了，含在口里怕化了。弥子瑕仗着灵公宠爱自己，也就由着性子胡闹，把朝廷上的规矩不当一回事儿，甚至在灵公面前也很放肆。但由于他特别聪明伶俐，并且会撒娇卖乖，卫灵公也就不以为他是忤逆的表现了。

一天晚上，有人捎话给弥子瑕，说他的母亲病重了。弥子瑕一听，就直奔御车房，谎称卫灵公有令，叫车夫马上送他回家。

车夫们都知道他是卫灵公面前的红人，也就不敢多问，连夜把他送回了家里。

按照当时卫国的法律，偷乘君主车辆的要处刖刑，也就是把脚或脚趾砍掉。可是卫灵公怎么舍得砍去弥子瑕的脚呢？所以，当有人把这事报告给灵公时，他反而赞许地说："母亲病了，就把刖刑也忘了，弥子瑕可真是个孝子啊！"

又过了几天，卫灵公让弥子瑕陪他去果园里游玩。这时正是桃子成熟的季节，弥子瑕顺手摘下一个桃来，一边吃着一边和灵公戏耍。卫灵公开玩笑地说："前几天你偷乘我的车子回家，本该处刖刑的，我没有责罚你了，你打算怎么感谢我呢？"

弥子瑕一本正经地说："你闭上眼睛，我就送你一样好东西，来表示谢意！"

卫灵公哪知道他敢捉弄自己，于是就真的听话闭上了眼睛。弥子瑕赶紧把自己吃剩下的半个桃子塞进了卫灵公的嘴里，然后就打着哈哈跑开了："这桃子很甜！就算是我的一点谢意吧！"

卫灵公这才知道上当了，他冲着弥子瑕的背影笑骂着："看我不斩断你的手！"

随后，卫灵公又得意地对随从们说："他把自己吃了一半的桃子拿给我吃，这是爱我啊！"

随从们听了，都忍不住笑了。

一转眼十多年过去了，弥子瑕也老了，卫灵公也不再宠爱他了，身边又有了许多更年轻漂亮的嬖臣。

这时候的弥子瑕只能远远地看着卫灵公和年轻的嬖臣们调笑，心里涌上一阵阵的醋意，但他不敢把这种醋意表现出来，更不敢像以前那样任性了。卫灵公有很长时间没给过他好脸色了。

弥子瑕常常回忆他过去和卫灵公的恩爱，心里非常难过。沉浸在这样的回忆中的时候，他常是恍恍惚惚的，往往不知身在何处，也不知自己要干什么。

有一天中午，他又陷入了这样的回忆，不知不觉，他走进了卫灵公的寝宫。当他醒悟过来准备离开的时候，一不小心把茶几上的一个花瓶碰倒了。“啪”的一声脆响，把正在午睡的卫灵公惊醒了。卫灵公看到弥子瑕未经允许擅闯寝宫，顿时大发雷霆：“谁让你进来的？想必你要谋刺寡人？”

弥子瑕吓得赶紧跪下，苦苦诉说自己是无意中走进来的。

“那你的眼睛是干什么用的？!”卫灵公不肯饶他。“我早就看出你不是好东西！你曾经偷乘我的车子，把自己吃剩的桃子塞进我的嘴里！今天我们老账新账一起算！”说完，命令卫士砍去他的双脚和右手，挖掉他的两眼。

然后，卫灵公没事似的接着睡觉去了。

弥子瑕固然有错，但卫灵公更是残忍！同一件事情，高兴时就加以赞许，讨厌时就加以惩罚，真是翻手为云，覆手为雨！做国君的，也许就是因为没有人能够约束他，权力失去了制约，就不会太多地思考事情怎么做效果更好，掌权者应引以为戒，遇到事情的时候还是需要多做考虑。就弥子瑕而言，如果能在做事之前多做思考，在得意时不那么任性，在失意时或许也不至于这么惨。所以我们做人还是不要得意忘形，多做思考为好。

下面的例子其实就能更好地说明思考的好处。

齐桓公听说管仲病重后亲自去探望。

齐桓公见管仲已经病入膏肓了，感到十分焦急，问道："仲父，您的病已经相当重了！如果您不幸与世长辞的话，那我将把国家托付给谁呢?"

管仲无力地摇了摇头，回答道："过去我尽心竭力，尚且不能了解这样的人。如今病重，危在旦夕，我更是不了解了啊。"

齐桓公一听这话，便上前抓住管仲的手，恳切地说："这可是国家的大事啊，希望您能为齐国百姓着想，再教导我一次吧!"

"那好吧!"管仲恭敬地答应了，"您想任命谁做相国呢?"

"您觉得鲍叔牙可以吗?"

"不行!"

"为什么?"齐桓公十分惊讶地问，"鲍叔牙不仅有才干，并且还是您最好的朋友呀?"

管仲十分严肃地说："正因为是好朋友，我太了解鲍叔牙了。他的为人，清白廉正，对不如自己的人，他是不屑与他们为伍的，偶尔听到别人的过失也就会终生不忘。所以我认为他不能胜任相国。"

"那朝中谁可以胜任呢?"齐桓公非常失望。

"隰朋还可以吧。隰朋的为人，既能铭记前代的贤人而效法他们，又能不耻下问。他自愧德行不如黄帝，又怜惜不如自己的人。他对于国政，不该管的，就不去打听；对于事务，不需要了解的，就不去过问；对于别人，无关大节的，就装作没看见。如果您要我推荐的话，这就是我觉得隰朋还行的理由！”

齐桓公听后十分感动地说：“多谢仲父的教导，我一定按您说的任命隰明为相国！”

相国的职位，在一人之下、万人之上，因此不可不谨慎地考察人选。管仲论相的意思是说，居于高位的人，不应该在小地方花费精力，不应该玩弄小聪明。因此，管仲在推荐人才上是很明智的。他没有掺杂情感，而是清楚地看到了自己朋友的不足之处。然而有很多人却会因感情的因素而迷惑了自己的双眼，用人唯亲，从而忽略了明主唯贤是举这一根本原则，这不得不引人深思。

真实才更美丽

在北大人的字典里，还有一种优良品德一直延续至今，那就是诚实，真实。不论是为学还是做人，真实是一个人最基本的行为准则。而在日常的生活中，有的人却为了名与利之类的东西，把真实这一品德慢慢丢掉了。不过，也有的人，不论在什么时候，都能坚持一种本真，在现在的社会中，确实难能可贵，也值得我们学习。一位北大学生讲述他在电视上看到的一件令他感慨的事：

之前，并不大熟悉那个女演员。只知道她是个演员而已，感觉面熟，但却根本叫不出她的名字。也就是说，她不是家喻户晓的大明星。

三年前的一次电视歌手比赛，她被请去当评委。她很认真，每一个选手她都认真地观察，然后很认真地给出分数和评价。她是三个评委之一，最终谁能晋级、谁会被淘汰，由三个评委一起决定。

经过严肃认真的商量，她们做出了选择，然后把写有结果的纸条交给了主持人。

几分钟之后，主持人宣布了比赛的结果。

让她大吃一惊的是，结果居然不是她们评委商量选择的那一个选手。很明显，这是有人进行了“暗箱操作”，那个最后胜出的人背后，一定有人在幕后说了话。

看到这样的结果，另外两位评委都沉默了。

那女演员先是愣了一会儿，然后坚定地拿起话筒说了实话：“很抱歉，这个结果不是我们刚才评选的那个。”

此言一出，观众全愣住了，整个比赛现场静得好像掉一根针也听得到似的。

她接着说：“选手们都是千辛万苦地来比赛的，到最后关头却是这样的结果，我想他们会觉得委屈的。评委应该有自己的良知，我不想骗观众，更不想昧着良心做事。”

就是那一次，人们真切地记住了她的名字。一个爽快的山东姑娘，一个半红不紫的女演员。这样率真的人，如今还能有几个！

“于是”，这位北大学生对人们说，“当有人再问我生活中什么是最美丽的时候，我会脱口而出：真实！”

我们从这个小例子里能真切地感受到，真实的东西总会打动人，就像那些花儿，虽然会凋零，可人们还是喜欢它是真的，而那些假花，即使再美、再好看，大家也一样不喜欢。

由此想起一句德国谚语：美本身必须是真的。

再来看一个反例吧。或许我们还记得那个“滥竽充数”的故事。

春秋战国时期，齐国的国君齐宣王爱好音乐，尤其喜欢听吹竽，手下有三百多位善于吹竽的乐师。齐宣王本人又极喜欢热闹，爱摆排场，总想在人前显示他做国君的威严，所以每次听演奏的时候，总是叫这三百多位乐师在一起合奏给他听。

南郭先生听说了齐宣王的这个癖好，觉得有机可乘，是个赚钱的好机会，就跑到齐宣王那里，吹嘘自己说：“大王啊，我也是个有名的乐师，听过我吹竽的人没有不被感动的，就是鸟兽听了也会翩翩起舞，花草听了也会和着节拍颤动，我愿把我的绝技献给大王。”齐宣王听得高兴，并没有加以考察，就很痛快地收下了他，把他也编进那支三百多人的吹竽队伍中。从这以后，南郭先生就随那三百多人一块儿合奏给齐宣王听，和大家一样拿优厚的薪水和丰厚的赏赐，心里得意极了。

其实南郭先生撒了个弥天大谎，他根本就不会吹什么竽。每逢演奏的时候，南郭先生就捧着竽混在队伍中，人家摇晃身体，他也摇晃身体，人家摆头，他也摆头，脸上装出一副动情忘我的样子，看上去和别人一样吹奏得挺投入，还真瞧不出什么破绽来。南郭先生就这样靠着蒙骗混过了一天又一天，不劳而获地白拿薪水。

然而好景不长，过了几年，爱听合奏的齐宣王死了，他的儿子齐闵王继承了王位。齐闵王也爱听吹竽，可是他和齐宣王不一样，他认为让三百多个人在一块儿演奏实在是太吵了，还不如独奏来得悠扬逍遥。于是齐闵王发布了一道命令，要这三百多位乐师好好练习，做好准备，他将让这三百多个人轮流着一个个地吹竽给他欣赏。乐师们接到命令后都积极练习，想一展身手，只有那个滥竽充数的南郭先生急得像热锅上的蚂蚁，惶惶不可终日。他想来想去，觉得这次再也混不过去了，只好连夜收拾行李逃走了。

像南郭先生这样不学无术靠蒙骗混饭吃的人，骗得了一时，骗不了一世。假的就是假的，终将逃不过实践的检验而被揭穿伪装。我们想要成功，唯一的办法就是勤奋学习，只有练就一身过硬的真本领，才能经受得住一切考验。

生活无须伪装，让我们都来做一个真实的自我吧，知识不会可以再学，朋友有误会可以化解，凡事你用真诚的心去面对，生活也会给你真诚，千万不要让伪装的东西蒙住你的双眼，如果那样，你就只能失败。

不忽视细节，才能做到正确评价

我们从北大多年来的成功事例中可以看到，注意细节，也是成败的一个重要因素。其实从古到今，凡是能在某一行业或者某一方面取得成功的人，都是那些善于注意细节、不忽略细节的人。

况钟在苏州担任知府，初来乍到的他由于不知道这里的真实情况，便装作木讷愚鲁，胥吏若是有徇私舞弊的，他也都装作不知道。通判赵忱故意刁难侮辱况钟，况钟也从不与他计较。这样过了几日以后，况钟将府中胥吏都召集到堂前，大声责问道："某人某日因某事索取贿赂若干，是吧？某日，又是如此！"胥吏都给吓了个半死，不敢抗辩。况钟当堂判处六个胥吏死刑，押赴市集行刑。他还将下属官员中的贪污者五人和昏庸无能者十人革除官职。于是胥吏和刁民恐惧害怕，谨听号令，不敢阳奉阴违。苏州百姓都叫他"况青天"。

况钟是一个清官，而且以谋略见长。其整治贪官的方法是进行试验，通过麻痹胥吏，让他们自鸣得意、放松警惕，暴露出自己的真面目，从而做到有凭有据，惩治这些败类的时候也可以让他们心服口服。这与小说、戏剧中津津乐道的微服私访有异曲同工之妙。在官场中的集体腐败是比较难以根治的，如果一开始就大张旗鼓地予以讨伐的话，只能打草惊蛇，加深对方的戒备，不能将他们连根铲除。反而会给自己带来更多的麻烦和危险。

从况钟的智慧可以看出，于无声无息之中运用计谋，一定要有耐性，千万不能打草惊蛇。等到材料具备的时候，再发制人。一静一动，正能体现出领导者的智谋。而能做到这一点，必须是暗中注意细节，表面麻痹对方。

与况钟的故事异曲同工的还有一个资料里看到的，一位做部门主管的人，刚刚到新单位的时候，天天钻进自己的办公室，不见有所作为。一段时间以后，他却像是变了一个人似的，对所管的部门进行大刀阔斧的改革。

在人们惊奇声中，他讲了一个故事：

一个人，新买了一座房子，看到院子里都是些杂草，于是，他就把院子里的草都锄去，种上自己买的一些花种。几个月以后，原来的房东来看他，非常惊讶院子里的变化：原来，那些看似杂草的院子里，其实种的都是一些名贵的花草，由于季节的缘故，没有开花而已。这个人刚刚买了房子，不知道这一情况，都将名贵的东西扔掉了。由此，这个人学会了慢慢观察的习惯。当他后来又一次买了一套房子的时候，他先不去动那些院子里的“草”。随着季节变化，看似长满杂草的院子里，各种花草琳琅满目。这样的收获，如果不是注意到这些看似不起眼的细节，是实现不了的。

其实，注意细节会有很多的表现方式，在不了解情况的时候，隐忍是一种大智若愚式的方式，还有的，就是比较直接的，有关于自身的一些方面了，比如人的衣着打扮及语言，等等。

华人律师阿兰·叶，在社交场合中遇到了一位大都会人寿保险公司的销售员王先生。由于交谈融洽，阿兰约王先生去他家做客。两天以后的周末，王先生如约的前往阿兰家。阿兰打开大门，高兴地迎进了西装革履、发型整齐、满脸微笑的王先生。

“这可真是一个地道的保险推销员形象，大都会人寿保险公司真不愧为一流保险公司啊。”阿兰暗自称赞道。可是，当王先生与阿兰坐在沙发上的时候，映入阿兰眼帘的，首先是王先生脚下那双已经变了形的旧皮鞋，它破旧且毫无光泽，还布满了多道皱纹，与身上的西服简直是毫不相配。阿兰大失所望。

当王先生在移动身体的时候，阿兰在心里为他那高质量的毛料西裤祈祷：“千万别让这么好的裤子，去擦那双早已该进垃圾堆的破皮鞋。”尽管王先生用极好的口才，不厌其烦地介绍了多个适合于阿兰的保险方案，阿兰的思维却全在那双如同木乃伊一般的破皮鞋上。

后来，当阿兰在谈到这一段经历的时候说：“在我们律师事务所，所有人都穿着锃亮如新的皮鞋。鞋，就是一种身份的象征。穿着破皮鞋的人，只有两种可能：第一，他买不起新鞋，那么，他一定是一个不成功的销售员；第二，他舍不得买新鞋，那么，他一定是个吝啬金钱的人。无论是哪一种人，都不会取得我的信任。”

阿兰认为，保险公司所卖的其实是一种信誉，而保险的信誉，首先来自对销售人员的信任。

在大多数情况下，人们并不是买不起或者舍不得买新鞋，而是由于他们感到旧皮鞋穿着最舒服。但是，一双旧皮鞋带来的可怕后果，却是穿旧皮鞋的人永远不可能想到的。

即使你身上穿着顶级名牌西服，戴着价值昂贵的饰物，不论它们是多么精致，一双破旧的、沾满尘土的皮鞋，可以抹去你身上所有的光彩。

“泰山不拒细壤，故能成其高；江海不择细流，故能就其深。”我们不缺少雄韬伟略的指挥家，却缺乏精益求精的执行者；我们不缺少大刀阔斧的全盘改革，却缺乏面面俱到的细节规划。细节决定成败，要想有所作为，我们必须抛弃心浮气躁、急功近利，从小事做起，才能一步步走向成功的大门。

还有下面一则小故事，也是关注细节赢得成功的很好的证明。

大学毕业后，大学同学小赵和小刘去同一个单位找工作。那个公司的待遇不错，而且他们两个也都符合公司的招聘要求。经过多轮的考核筛选，最后，两人脱颖而出，被公司录用了。

到公司报到上班的第一天，经理会见他们，并对他们说："年轻人，不要以为进了我们公司就胜利了，我们对你们还要进一步地考核，希望你们好好干，干得好都留下来，谁干不好，谁就走!"两个异口同声地说："经理，请您放心，我们一定不让您失望!"为了留下来，小赵和小刘在干好工作的同时，也较上了劲。一时之间，两人成了竞争的对手，见了面，谁也不理谁了。

一个月以后，经理通知小刘走人，而小赵却被留了下来。小刘在离开的最后一刻，跑去质问小赵，是不是他在背后说了什么话或者做了什么手脚。小赵呆呆地立着。他自己心里知道，他并没有在背后耍什么花招！不过，对于小刘一直很能干却要离开的事实，小赵也是不太理解。后来有一次，他终于有了向经理讨教的机会："经理，小刘比我能干，你怎么让他走了呢?"经理笑着对小赵说："他的确要比你能干，可是，有一点他比不上你。每次下班离开办公室的时候，他都不记得关电灯。有一次，他办公室的电灯由于没关，亮了整整一夜。还是第二天我来上班时关的。可是你就不同了，每次在下班的时候都把电灯关了再走。这就是答案。"

小赵恍然大悟，原来原因是这么简单。他留下来了，只因为关了一盏灯。虽然小刘在知道事情的真相以后，仍不相信，说那是经理编造的理由。小赵却对经理的理由深信不疑。其实在许多时候，成功与失败的关键就在于是否关了一盏灯这样的小事中。

举手之劳，关掉一盏会造成能源浪费的灯，就可能打开另一盏希望的灯。

“一树一菩提，一沙一世界。”生活中的一切原本都是由细节构成的。而生活中决定成败的必将是微若沙砾的细节。因为细节的竞争，才是最终和最高的竞争。人生，正是在这些细节和习惯中划分了失败与成功的界线。

反思是前进的伴侣，人要善于反省

北大人认为，无论要实现什么样的目标，我们都必须要有妥善的准备；这和设定最初阶段的目标有一点类似，都可能是一项浩大的“自我认识”的工程。

事实也是如此，每一个人都有不足或者局限之处，但也一定都会有其长处。为成功所做的准备，就要建立在自己的长处之上。

美国前国务卿基辛格曾说，他所认识的历任美国总统有一个共同的特色：他们都不刻意注视自己的局限之处，反倒致力于发掘和利用自己的长处，从而都能走上成功之路。

有些局限只是表面现象，有些则是暂时性的，只要稍加努力与坚持就能克服。当然了，也有一些不利情况与生俱来，但由于人人皆各有其客观条件存在的局限之处，因此也不要觉得不安。面对自己，只要我们能够做到“自省”就行了。

现代人往往是多了一份自信，却少了一种“自省”的精神。他们喜欢得到他人的称赞，但很少去反省自己。

其实，在我们上学的时候，老师们都会经常地教诲我们要“每天反省自己”。这确实是一句颇有价值的话，如果我们都能好好地照着去做的话，一定会受益匪浅。

所谓“反省”，就是反过身来省察自己，检讨自己的言行，看自己有没有犯了哪些错误，看有没有需要改进的地方。

人为什么要自省呢？这里有两个方面的原因。

主观原因：人都不可能是十全十美的，总有个性上的缺陷、智慧上的不足，而年轻人更因为缺乏社会的历练，因此常会说错话、做错事、得罪人；

客观原因：在现实生活当中，很多人是只说好话，看到有人做错事、说错话、得罪人也故意不说，因此这就更需要我们自己通过反省来了解自己的所作所为。

我国的先贤孔子曾指出：“吾日三省吾身”。如果你觉得一天三省没有那么多时间的话，那么一天一次，或者两天一次也可以，反正要记得时时反省自己就行了。

那你每天应该反省些什么呢？是不是专门要弄得自己不高兴，跟自己过不去？不是这样的！以下几个方面就值得你去反省。

首先，是人际关系。

你今天有没有做过什么对自己人际关系不利的事？你今天与人争论，是否也有自己不对的地方？你是否对身边的人说过不得体的话？某人对你不友善是否还有别的原因？诸如此类。

其次，是自己做事的方法。

可以反省一下自己在一天当中或者几天当中所做的事情，处事是否得当，怎样做才会更好……

最后，反省自己的生命进程。

要反省自己至今做了哪些事情，是否有进步？是否在浪费时间？目标完成了多少？

如果人们能坚持从以上这三个方面去反省自己的话，那一定可以纠正自己的行为，把握行动的方向，并保证自己能不断地进步。

我们看看那些著名的政治家、军事家和大人物，他们都有反省的习惯，因为只有反省才不会迷失方向，才不会做错事！而我们作为普通人，反省这一项就显得格外地重要了，我们更应该把反省当成每日的功课来做。

那么，一个人应该怎样反省呢？事实上，反省是一项每时每该刻都可以做的工作，更不必拘泥于形式。不过，人在事务繁杂的时候是很难做到反省自身的，因为情绪会影响到反省的效果的。那么，可以选择在深夜独处的时候去反省，也可以在林中、海滨等地方，总之是要在你自己独处的时候进行反省，也就是在心境平静的时候去反省。当湖面平静的时候，才能映现出你的倒影，心境平和才能映现出你今天所做的一切。

至于反省的方式与方法，那就是因人而异了，有的人写日记，有的人则静坐冥想，只在脑海里把过去的事放映出来检视一遍。不管大家采用什么样的方式方法，只要真正有效就行。反省也不能流于一种形式，每日看似反省，但找不出自己的问题，甚至于有的人还常常对错不分，那就很值得注意了。

朋友，试问一下，你自己有反省的习惯吗？如果没有的话，还是趁早培养吧，它能修正一个人的为人处世的方法，给人指引明确的方向，也会给人的心力以磨炼，而且，它不是让你在众人面前进行自我检讨的，也不会让你多花一分钱，多费多少力气，那还有何不可为的呢！

下面的例子也能充分说明这一点。

一个公司进行一次招聘。公司有关人员把前来应聘的人安排在会议室里，进行笔试。

第一次考试，有一位应聘者以 99 分的好成绩排在第一名，一位叫小丽的女孩子以 95 分的成绩排在第二名。公司宣布要在几天以后继续笔试。

第二次考试，试卷一发下来，人们就感到纳闷，因为这一天的试题和那天的试题完全一样。开始人们都认为是发错了试卷，但是监考人员一再强调，试卷没有发错。既然试卷没有发错，好多人也就懒得去想，都是看样子很自信地大笔一挥，在不到考试规定时间的一半的时候，人们便把试卷全填满了。在第一个人把试卷一交以后，其他应聘的人也陆陆续续地把试卷交了上去。人人脸上都显得春风得意。显然，大家个个都认为自己胜券在握。第二次考试分数一出来，原来排第一的那个人仍然以 99 分不动摇的成绩排在第一名，而那个交卷最晚的女孩小丽以 98 分的成绩排在第二名。

几天以后，准时进行了第三次考试。

“这次该不会拿同样的题目给我们考了吧?”在进考场之前，应聘的人们议论纷纷。

试卷一发下来，考场上顿时像开了锅，因为试卷和前两次的完全一样。

“安静，安静，大家都听我说，试卷都是公司做的安排。公司怎么安排，我们就怎么执行，如有谁觉得这种考核办法不合理可以放下试卷，我们随时放你们出考场。”监考人员把桌子拍得“啪啪”响。

众人一看招聘人员发怒了，只好老老实实地低下头去答卷。这次考试更省事儿，绝大部分考生和上一次一样，根本用不着看考题。就直接把前两次的答案给搬上去了。不到半个钟头，整个考场都空了。只有那位叫小丽的考生仍然托腮拍脑、绞尽脑汁地冥思苦想，只见她时而修改，时而补充，直到收卷铃响了才把答卷交了上去。

第三次考分出来，前两次排第一名的那个人仍然以 99 分的成绩排在第一。不过这次他没有独占鳌头。那个叫小丽的女孩子这次也以 99 分的好成绩和他并列第一。

又过了几天后，录用榜公布了，三次第一的人傻眼了：上面只有小丽的名字，而他则落选了。他当时就找到了总经理办公室，理直气壮地质问："我三次都考了 99 分，为什么不录用我而录用了前两次考分都低于我的人呢？你们这种考核公平吗？"

总经理看着情绪异常激动的他，一直笑呵呵地凝视着他，直到他心平气和以后才开口说话。

"我们的确很欣赏你的考分。但我们公司并没有向外许诺，谁考了最高分就录用谁。考分的高低对我们来说只是录用职员的一个依据，但并不是最终的结果。不错，你三次都考了最高分，可惜你每一次的答案都是一模一样的，一成未变。如果我们公司也像你的答题一样，总用同一种思维去经营，能摆脱被淘汰的命运吗？我们需要的职员不单单要有才华，还要懂得反思、善于反思、善于发现错漏的人才能有更好的进步，职员有进步，公司才能有发展。我们公司之所以三次用同一张试卷对你们进行考核，不仅仅是考你们的知识，也在考你们的反思能力。这次你未能被选用，我也是实在抱歉。"听完总经理的话，这人哑口无言，羞愧难当地退出了总经理的办公室。

孔子曰："吾日三省吾身，为人谋而不忠乎？与朋友交，而不信乎？传不习乎？"在人生的道路上，我们每天都有可能走过很多弯路，甚至于偏离方向而自己却不自知，因此，只有依靠反思，我们才能重新走回成功的大道；只有懂得反思，善于总结经验的人，才能在失败中发现成功的光明，在人生的每一段阶梯上不断超越与进步。

严谨的态度最重要

北大人一贯的严谨是很出名的。不论在哪个年代，北大人都一直坚持这一原则与态度，这也是他们能在各个方面都取得好成绩的重要原因。

胡适先生曾做杂文《差不多先生传》讽刺办事马马虎虎的人。

他讲述了这样一个“差不多”先生：

他常常说：“凡事只要差不多，就好了。何必太精明呢？”

他小的时候，他妈妈叫他去买红糖，他买了白糖回来，他妈妈骂他做事不用心，他摇摇头道：“红糖白糖都是糖啊，不是差不多吗？”

他在学堂的时候，先生问他：“直隶省的西边是哪一省？”他说是陕西。先生说：“错了，应该是山西，不是陕西。”他说：“陕西同山西离不远，不是也差不多吗？”

后来他在一个钱铺里做伙计，他会写，也会算，只是总不精细，十字常常写成千字，千字常常写成十字。掌柜的生气了，常常骂他，他只是笑嘻嘻地赔小心道："千字比十字只多一小撇，不是差不多吗？"

后来有一天，他忽然得一种急病，赶忙叫家人去请东街的名医汪先生。家人急急忙忙地跑去，一时寻不着东街汪大夫，却把西街的兽医王大夫请来了。

差不多先生病在床上，知道家人找错了人，但病急了等不得了，自己在心里想："好在王大夫同汪大夫也差不多，让他试试看吧。"

于是这位兽医王大夫走近床前，用医牛的法子给差不多先生治病。不上一点钟，差不多先生就一命呜呼了。

差不多先生在差不多要死的时候，还断断续续地说道："活人同死人也差……不多……"

胡适先生的用意很明确，那就是针砭马马虎虎的时弊，提倡认真严谨的作风。

严谨治学始终是北大学风的一个显著特点。欲想在北大立足，打算在学术界干出点名堂，没有严谨治学的态度是不可能的。其实在我们平常人的生活中，严谨也是一种必须具备的品格。具有严谨的品格，才能让我们在学习和生活中进步更快，收获更多。

原北大中文系学生、后北大中文系教授董学文先生讲过这样一个故事：

有一次，和杨晦先生同参加一个写作任务。我是学生，先生是七十多岁的一级教授、系主任。当我把文章初稿拿出来请他审阅时，他把我叫到身边，像慈祥的家长辅导小学生作业一般，耐心、细致地给我一个字一个字地斟酌、修改，每个标点都不放过。一遍，二遍，三遍……万把字的文章，足足打磨了一个月。我感动了，向先生叙说了自己内心的感受。先生眯着眼睛，微笑着说："做学问、写文章，都要一丝不苟，严肃认真。"

"板凳须坐十年冷，文章不写一句空。"这是著名历史学家、原北大历史系教授、系主任、北大副校长翦伯赞先生，在谈到治学要严谨时引用的一句名言。这句名言真是妙极了，与北大老师的那种勤奋严谨的治学态度吻合得简直是天衣无缝！

据北大的一些年轻教授回忆，有很多老学者都是以严谨出名的，比如洪谦、钱穆、季羡林等。

严谨与"马马虎虎""粗枝大叶"相对，是严密、谨慎的意思。这是对人、对事、对己都极负责任的态度和作风。在求知治学方面，严谨是万万不可缺少的。

再看一个国外的例子：

本生·罗伯特是十九世纪著名的化学家。他自哥廷根大学毕业后，从事化学研究与教学长达五十五年之久，范围涉及电化学、物理化学、分析化学等方面，还创制了本生灯。

有一天，他在阳光下晒滤纸，纸上有铍的沉淀物。不料就在他走开的一会儿，一只苍蝇突然飞到滤纸上，贪婪地吮吸那有甜味的沉淀物。本生大吃一惊，猛扑上去捕捉，苍蝇却飞走了。他又追又喊，惊动了好几个学生一同帮忙，终于捉住了苍蝇。本生非常高兴，把已经被捏死的苍蝇放进了坩埚。他把苍蝇焚化、蒸发，最后化验、称重，确定了被苍蝇吸走的沉淀物折算成氧化铍是 1. 01 毫克，他把这 1. 01 毫克的重量又加到沉淀物的总数中，最后得出了元素铍的极其精确的分析结果。苍蝇没有被放过，0. 01毫克也没有被放过。

严谨，让化学家有了出色的成就，那么对我们呢，面对学业与生活，许多人就败在严谨的缺失上。世界上怕就怕“认真”二字，让标准成为习惯，能改变我们的人生，让严谨成为学习的习惯，能改变我们的命运。

大师们的严谨带给我们的不仅仅是感动，更多的是激励。不论我们的学习还是生活及工作，有严谨的态度就会为自己赢得一个良好的开端。我们谁也不能够说我们已经掌握了足够多的知识和经验，人生就是一所永不休止的学校，我们只有用一丝不苟的态度认真地对待我们的学习和生活，才能收获更加精彩的人生。

第三章 信心能够变“不可能”为“可能”

自信是北大人特有的一种气质。在漫长的人生道路上，拥有自信的人更懂得自强不息和自立。自信也是一个人对自我价值的认可与肯定。拥有一份自信，能够为自己赢得更好的开端；懂得自立自强，能够让我们知道命运握在自己手中；自信、自立、自强的人更有能力把握机遇，用拼搏去成就美好的人生之路。北大人明白信心对自己的重要性，在北大百年的发展史上，我们能感受到他们时刻在用信心激励自己，从而创造一次又一次的成功。

自我激励让人更加自信

一个人积极的心态源于对自我的激励。北大人指出，一个人可以通过自我激励来培养积极的心态，从而让自己更加自信。如果人生当中，没有了积极心态，自信也就会远离自我，那样，人终将一事无成。

著名的发明大王爱迪生只接受过几个月的正规教育，但他却是一位伟大的发明家。海伦·凯勒失去了视觉、听觉和说话能力，但她却鼓舞了数万亿的人。他们的成功正是他们以积极的心态面对人生、挑战自我的真实写照。

你的心态是你而且只有你唯一能完全掌握的东西，练习控制你的心态，并且利用积极心态来引导自己的行动，人生会更接近成功。

那些有着积极心态的人，总是找出一生中最希望得到的东西，并立即着手去努力为得到它而奋斗。还可以借着帮助他人得到同样好处的方法，去追寻自己的目标，如此一来，便可将多付出一点点的原则，应用到实际行动当中。

积极的心态不是凭空产生的，它需要通过自我激励来不断强化和保持。下面总结北大人倡导的一些行之有效的激励方法。

第一，要培养每天说或做一些使他人感动、舒服的话或事。你可以利用电话、明信片，或一些简单的善意举动达到此目的。例如给他人一本励志的书，就是为他带来一些可使他的生命充满奇迹的东西。日行一善，可永远保持无忧无虑的心情。

第二，要使自己了解打倒你的不是挫折，而是你面对挫折时所抱持的心态。训练自己在每一次遇到不如意的时候，都能发现和挫折等值的积极一面。

第三，要务必使自己养成精益求精的习惯，并以自己的爱心和热情发挥这些优良的习惯，如果能使这种习惯变成一种嗜好那是最好不过的了。如果不能的话，至少还应该记住：懒散的心态，很快就会变成消极心态。

第四，当你找不到解决问题的答案的时候，不妨帮助他人解决一些问题，并从中找寻你所需要的答案。因为在帮助他人解决问题的同时，你也正在洞察解决自己问题的方法。也可以阅读一些相关的著作，直到你能领悟其中的道理为止。这样可以使你确信，能从积极心态当中获得好处。

第五，彻底地“盘点”一次你的财产，你会发现你所拥有的最有价值的财产就是健全的思想，有了它你就可以自己决定自己的命运。

第六，要和你曾经以不合理的态度冒犯过的人联络，并向他们致上最诚挚的歉意。这项任务越是困难，你就越能在完成道歉的同时，摆脱掉内心的消极心态。

有这样的一位姑娘，遇到一些不如意的事情，心情沮丧地走在大街上。她看到天都是灰色的，地上也是如此不平整，人们如此之多，让她感觉没有呼吸的空间。直到她走到一个卖花的老太太面前。老太太坐在一个小板凳上，面前放着两篮鲜花。来来往往的人都不太注意老太太的花，但是，老太太还是面带笑容。当她看到姑娘满脸愁容时，就叫住了她，送了她一朵花。

姑娘问老太太生意好不好，老太太说不怎么样，姑娘奇怪地问："既然生意也不好，您怎么还能这么快乐呀？""姑娘，耶稣受难的时候，是世纪的难日，可是三天以后，就是复活节啊。所以，遇到事情的时候，我就会对自己说，等上三天，一切都会好起来的。"老太太的话，给了姑娘一个善意的提醒，此后，姑娘也学着老太太的乐观和积极心态，每当遇到不顺心的事情的时候，这个姑娘都会告诉自己要沉住气，相信困难是暂时的。

我们在这个世界上到底能占有多少空间，是和我们为他人所提供的服务的质与量，以及提供服务时所产生出的心态，成正比的。

培养积极的心态就是把一生当中所发生的所有事件，都看作是激励自己上进的动力。因为只有你始终保持积极的心态，即使是最悲伤的经历，也会为你带来很多的财产。放弃想要控制别人的念头。在这个念头摧毁你之前先摧毁它，把你的精力转而用来控制自己的思想和行为。把你的全部精力用来做你想做的事，而不要给那些胡思乱想的念头留半点空间。

积极向上的心态使人在生理上、心理上都呈现出健康的活力。在很多方面，你都会获得愉悦的享受。

比如，向每天的生活索取合理的回报，而不要光等着回报自己跑到你的手中，你会因为得到许多意料之外的东西而感到惊讶——虽然你可能一直都没有察觉到。

以适合你生理和心理的方式生活，别浪费时间，以免落在他人之后。

同时，也应多运动来保持自己的健康状态，生理上的疾病很容易造成心理上的失调。一个人的身体应和他的思想一样保持着活力，以维持积极的行动。

磨炼自己的耐性，并以开阔的心胸包容所有事物，同时也要学习接受他人的长处，而不要一味地要求他人照着你的意思行事。

你应承认，“爱”是治疗生理和心理疾病的最佳药物，爱会改变并且调适你体内的化学元素，以使它们有助于你表现出积极的心态。爱也会扩展你的包容能力。接受爱的最好方法就是付出你的爱。

以相同或更多的价值去回报给你好处的人。这样最后的结果还是给自己带来好处，而且可能会为你带来所有应得的东西和能力。

对于善意的批评应该采取接受的态度，而不应采取消极的反应。积极了解并接受他人如何看待你的机会，利用这种机会做一番反省，并指出应该改善的地方。别害怕批评，而应勇敢地面对它。

一定要分清楚愿望、希望、欲望以及强烈欲望与达到目标之间的差别，其中只有强烈的欲望会给你驱动力，而且只有积极心态才能供给产生驱动力所需的燃料。

没有人能破坏你对任何事情的信心

在北大工作过的一位老者讲过这样一个故事：

有一个孤儿，去向高僧请教如何获得幸福，高僧指着块陋石说："你把它拿到集市上去，但是无论谁要买这块石头你都不要卖。"

于是孤儿按照高僧的说法带着石头来到集市。第一天、第二天，石头都无人问津。第三天，开始有人来询问。到了第四天，石头已经能卖到一个很好的价钱了。

他回去询问应该怎么处理石头。

高僧又说："你再把石头拿到石器交易市场去卖。"

同样的现象出现了。第一天、第二天，人们对其视而不见。到第三天时，有人围过来问。以后的几天里，石头的价格已被抬到高出石器的价格。

高僧对返回来询问的孤儿又说："你再把石头拿到珠宝市场去卖……"

结果，又出现了类似的情况，甚至于到了最后，石头的价格已经比珠宝的价格还要高出了许多。

其实世上人与物皆如此，如果你认定自己是一块不起眼的陋石，那么你可能永远只是一块陋石；如果你坚信自己是一块无价的宝石，那么你可能就是一块宝石。

每个人的本性中都隐藏着信心，高僧其实就是在挖掘孤儿的信心和潜力。

信心是一股巨大的力量，只要有一点点信心就可能产生神奇的效果。信心是人生最珍贵的宝藏之一，它可以使你免于失望；使你丢掉那些不知从何而来的黯淡的念头；使你有勇气去面对艰苦的人生。相反，如果丧失了信心，则是一件非常可悲的事情。你的前途之门似乎关闭了，它使你看不见远景，对一切都漠不关心，使你误以为自己已经无可救药了。

信心是人的一种本能，天下没有一种力量可以和它相提并论。所以，有信心的人，即使会遭遇挫折危难，也不会灰心丧气。

记得中央电视台的一位主持人曾经说过，不做下一个别人，要做唯一的自己。自信使你能够感觉到自己的能力，其作用是其他任何东西都无法替代的。坚持自己的理念，有信心依照计划行事的人，比一遇到挫折就放弃的人更具优势。同样是石头，有的可以被打磨成美玉，有的可以煅成钢铁，有的可以炼成金子。你是哪一个？

听北大的朋友说，在北大体会最深的就是每个人脸上都写着自信。下面，就听听他讲的话：

有一位业务能力很强的业务经理，他要求下属的所有业务员，在每天早上出门工作之前，先在镜子前面用5分钟的时间看着自己，并且对自己说："你是最棒的业务员，今天你就要证明这一点，明天也是如此，一直都是如此。"

经过这位业务经理的安排，每一位业务员的丈夫或妻子，在他们的爱人出门工作之前，都会以这一段话向他们告别："你是最棒的业务员，今天你就要证明这一点。"

这可以说是一种非常积极的心理暗示，在这样做了一段时间后，所有人的脸上都能看到充满信心的笑容。

人生因自信而精彩。如果我们一旦失去了信心，就违背了自己的本性，一切都不敢肯定，那样的人生就没有根了。

命运其实永远掌握在强者手中。也许你曾经失去过，但失去后，你学会了珍惜；也许你曾失败过，但失败后，你学会了坚强；你也许相貌平平，也许一无所长，但你不应该自卑，也许在某方面你存在着惊人的潜力，只是你并没有发觉罢了。正视自己，更深层地挖掘潜力，相信天生我材必有用，是金子就一定会发光。

也许你并不出众，但平凡也是一种美，你同样可以自信，可以不被世间的功名利禄所累，能够乐观地去面对生活中的每一天，不论快乐或悲伤。生活中，好多人或许因为自己的平凡而忘却了应有的信心，人生能有几多回合，春去秋来，花谢花开，所以，不必自寻烦恼，虚度光阴，从今天开始，从现在开始，相信自己的能力，我们一样可以活出独特的精彩。

河流永远不会高出它的源头。人生事业之所以成功，亦必有其源头，而这个源头，就是梦想与自信。不管你的天赋怎样高、能力怎样强、知识水平怎样高，你的事业上的成就，总不会高过你的自信。正如一句名言所说：“他能够，是因为他认为自己能够；他不能够，是因为他认为自己不能够。”

在一次战争中，一个士兵从前线归来，将战报递呈给了拿破仑。因为在路上赶得太急促，所以士兵的坐骑在还没有到达拿破仑那里时，就倒地气绝了。拿破仑看完战报后立刻下一道手谕，并且交给这个士兵，让他骑自己的坐骑火速赶回前线。

士兵看着那匹雄壮的坐骑及它华丽的马鞍，不觉脱口而出说：“不，将军，对于我这样一个平凡的士兵，这坐骑是太高贵太好了。”

想一下，我们是不是也有这样的时候，也会像这个士兵这样突然自卑起来。

一生自强自信的拿破仑曾经说过：“不想当将军的士兵不是好士兵!”这句话曾经激励过多少人努力奋斗。实际上这句话也是拿破仑对自己的激励。而他一生的奋斗历程也是这句话的真实写照。

在这个世界上，有许多人，他们总以为别人所有的种种幸福与光辉是永不属于他们的，以为他们自身是不配有的，自认为他们不能与那些命运好的人相提并论。然而他们不明白，这样的自卑自抑、自我抹杀，将会大大减弱自己的自信心，也同样会大大减少自己成功的机会。

没有自信，便没有成功。一个获得了巨大成功的人，首先是因为他自信。有人说，自信是成功的一半，但它毕竟还不是成功的全部。若不充分认识这一点，有一天你会连这一半也丧失。自信的人会依靠自己的力量去实现目标；自卑的人则只有依赖侥幸去达到目的。自信者的失败是一种人生的悲壮，虽败犹荣。

当你总是在问自己：我能成功吗？这时，你还难以撷取成功的果实。当你满怀信心地对自己说：我一定能够成功。这时，人生收获的季节离你已不太遥远了。记住，没有人与事能破坏你对自己的信心。

奇迹都源于信心的力量

从古至今，人们常会说："临渊羡鱼，不如退而结网。"当看到别人比自己更优秀而自叹自卑的时候，我们倒不如回过来，善待自我，先将自己心灵的草地整治一番。

人要自信而不要自卑，你不比别人差，只要锲而不舍谁都能成功！在北大，这个道理尽人皆知。可是，在现实生活中，仍然有许多人在遇到实际困难和问题的时候，自信心就会动摇了，甚至会陷入自卑的泥坑中而不能自拔。

还是看一下下面的故事吧。

在美国费城，有几个高中毕业生因为没钱上大学，他们只好请求仰慕已久的康惠尔牧师教他们读书。康惠尔牧师答应教他们，但他又想到还有许多年轻人没钱上大学，要是能为他们办一所大学那该多好啊！于是，他四处奔走，为筹办一所大学向各界人士募捐。当时办一所大学大约需要投资150万美元，而他辛苦奔波了五年，连1000美元也没筹募到。显然，这个情况使他意识到：大学办不成了，自己的打算不过是异想天开！

这一天，他情绪低落地走向教堂，发现路边的草坪上有成片的草枯黄歪倒，很不像样子。他便问园丁：“为什么这里的草长得不如别处的草呢？”

园丁回答说：“你看这里的草长得不好，是因为你把这些草和别处的草相比较的缘故。有时，我们常常是看到别人美丽的草地，希望别人的草地就是我们自己的，却很少去整治自己的草地！”

园丁的话使康惠尔恍然大悟。从此，他积极探求这个人生哲理，到处给人们演讲“钻石宝藏”的故事：有个农夫很想在地下挖到钻石，但在自己的地里一时没有挖到。于是，他卖了自己的土地，四处寻找能够挖出钻石的地方。而买下这块土地的人坚持辛勤耕耘。反倒挖到了钻石宝藏。

康惠尔向人们讲道：财富和成功不是仅凭奔走四方发现的，它属于在自己的土地上不断挖掘的人，它属于相信自己有能力

“整治自己的草地”的人！由于他的演讲发人深省、很受欢迎，七年以后，他赚得800万美元，终于建起了一所大学。如今，他所筹建的高等学府依然矗立在费城，早已闻名于世。

这个故事给我们的启示很重要。我们何必总是羡慕别人的才能、幸运和成就呢？俗话说，人比人气死人。如果总是希望别人的美丽草地变成自己的，这不过是个空想而已，而且越想越觉得自己不如别人。其实，你并不比别人差，甚至还有可能比其他人强得多！只有下功夫“整治自己的草地”，才有希望，才有机会成就潇洒的人生。

是的，懦弱羞怯只会委屈自己的心灵，唯有自信勇敢才会从容地面对人生。

有人说，人的自卑心理来自失败的刺激，自信心理来自成功的鼓励。这话有一定道理，却没有点明自信与自卑的根本原因。

应当说，争取成功哪怕是一点儿小小的成功，对一个人树立自信意识是极为有益的。因此，我们要尝试新的事物，应当力求成功，避免失败。但在实际的生活中，事情往往不会一举奏效，一试就成的；也不一定会遇到一个不如你的人，来帮助你鼓足勇气。尤其是开拓性和创造性的课题，常常是起步受挫、困难重重。在这种情况下，我们又依据什么来树立和强化自己的自信意识呢？显然，真正的自信意识和积极心态，不能只是出于良好的心愿和一时的勇气，也不能只是指望初步的成功来坚定自己的信念。康惠尔牧师如果停留在这一步，那么辛苦了五年尚未募捐到

1000美元的事实足以使他失去信心，从而使理想落空了，然而后来的事实证明，他确实能够办一所大学。是什么因素使他的本事变大了，变得有些神奇了呢？是他学会了“整治自己的草地”，从而能开发自身的潜能。所以我们要重新认识自我，人人都有巨大的潜能，你自己就是一座金矿！这才是我们自信的根源。

北大成功的经验告诉我们：自信的真正含义就是实事求是地认识自我！当你认识到自己的草地也可以整治得很美丽时，你自然会坚定不移地整治自己的草地！

信心需要立足点

自卑心理可以说是人常常会有的一种普遍心态。我们总会感觉自己还不是很好，能力还不是很大，学习成绩还不是很优秀，家人、朋友对自己还不是很放心，等等。在这种心理因素的影响下，我们可能会越来越自卑，然后总拿自己的缺点与他人的优点比较。实际上，没有什么是十全十美的，我们要做的其实很简单，抛开这种消极的心理暗示，告诉自己我能行，我相信自己。只有这样，我们才会更有信心去面对身边的种种难题。

进入北大以后，面对强手如林的竞争，可能有的人会产生一些自卑心理。为了让学生克服，北大的导师们并不是枯燥地说教，而是常常引用一些小例子来说明，下面就是一位北大新生与老师交流时，老师讲给他听的：

法国大文豪大仲马在成名前，曾一度穷困潦倒。

有一次，他跑到巴黎去拜访一位他父亲的朋友，请他帮忙介绍一份工作。

父亲的朋友问他："孩子，你能做点儿什么？"

"我没有什么了不得的本事，老伯。"

"数学精通吗？"

"不行。"

"你懂得物理吗？或者历史？"

"什么都不知道，老伯。"

"会计呢？法律如何？"

此时的大仲马早已经满脸通红，生平第一次真正知道自己太不行了，他便说："我真惭愧，老伯。从现在起我一定要努力去补救我的这些不行。我相信不久之后，我一定会给老伯一个满意的答复。"

父亲的朋友却对他说："可是，你现在就得生活啊。将你的住处留在这张纸上吧。我再帮你想想看。"

大仲马无可奈何地写下了自己的住址。

父亲的朋友看了他写的东西，高声叫着说："我的孩子，你总是有长处的，看你的名字写得很好呀！"

你看，大仲马在成名前，也曾有过自己认为自己一无是处的时候。然而，他父亲的朋友，却发现了他的一个看起来仿佛并不是什么优点的优点——把名字写得很好。

把名字写得好，也许我们常常对此不屑一顾：这算什么！然而，不管这个优点有多么“小”，但它毕竟也是个优点。生活中，哪怕你有这么一点点优点，你便可以此为基地，扩大你的优点范围。名字能写好，字也就能写好；字能写好，文章为什么就不能写好？

我们每一个人，特别是不自信的人，切忌不能把优点的标准定得太大、太高，而对自身的优点视而不见。你不要死盯着自己学习不好、经济条件不优越、相貌不佳等不足的一面，而是应该能看到自己身体好、会唱歌、字写得好等一些不被外人和自己发现或承认的优点。

珍妮丝是个总爱低着头的小女孩，因为她一直觉得自己长得不够漂亮，衣服也没有朋友们的新潮。直到有一天，她到饰物店去看中了一只绿色蝴蝶结，她觉得那是她见过最美的头饰，她不假思索就买下了它并对着镜子仔细地戴在头发上。小店的店主也不断赞美她戴上蝴蝶结后挺漂亮，珍妮丝虽不信店主的话，但还是挺高兴，不由昂起了头，急于让大家看看，那份急切的心情让她甚至没有注意到在出门时候与人撞了一下。

昂起头的珍妮丝发现路边景色也是那么地让人开心，她的心情好极了。当她走进教室时，迎面碰上了她的老师：“珍妮丝，你今天昂起头来真美！”老师爱抚地拍拍她的肩。那一天，她得到了许多人的赞美。她想一定是蝴蝶结的功劳。放学回家后，她忙着去照镜子。可是当她往镜前一站时，她发现自己头上根本就没有蝴蝶结。这时，她才想起了出小店时与人撞了一下。一定是当时就弄丢了。然而从那以后，她总是抬起头来，因为记得老师说过，她昂起头时真的好美。她也觉得昂起头时，她的心情也好了许多。

自信原本就是一种美丽，而很多人却因为太在意外表而失去很多快乐。

无论是贫穷还是富有，无论是貌若天仙还是相貌平平，只要你昂起头来，快乐会使你变得可爱——人人都喜欢的那种可爱。其实，看一下北大人，我们就知道自信的人有多美，他们总是抬起头，用努力和实力证明自己。

信心源于明确的目标和积极的态度

我们一生中总像在过一个又一个的十字路口。我们总要面临一次又一次的选择。而事实上往往会是这样：在同一个阶段，我们面前同时会出现两个或两个以上的道路要我们做出选择。有的人顾此失彼，有的人犹豫不决，有的人盲目决断，所有的这些都会影响我们的生活。北大人从来不会这样，他们在面临一些事情和问题时，总会根据自己的实际情况做出较为合理的选择。由于相信自己的能力，他们往往很少会为自己的选择表示遗憾。

在谈到积极和选择的时候，一位北大的学者讲过下面这样的例子：

一匹毛驴很幸运地得到了两堆草料，却犹豫着不知先吃哪一堆才好，于是在两堆草之间徘徊。就这样一直转来转去，它守着近在嘴边的食物，竟然活活地饿死了。因为它没有学会选择，同时，它也不懂先放弃一堆而去吃另一堆。

很多年轻人都因为面临多种选择却又难于选择而心烦意乱。

一位毕业不久的大专生，被分配在一家待遇很好的单位。可是他觉得自己的文凭还是有点儿低，想去继续深造，但是又怕读完书之后再也找不到这样的好工作。

一位二十八岁的女孩，恋爱已经有五年了，她想结婚可男友至今还没有买到房子，她想分手却又舍不得这份经受了时间考验的感情。

有一位同事给二十四岁的他介绍了一位女朋友。经过几次接触，他发现了女孩的聪明和善良，可是内心里又总觉得她长得不好看，所以进退两难……

当一个人拥有较优越的现实条件时，也就意味着他会面临更为广阔的选择空间，而可供选择的目标越多，人在决策时，内心的矛盾冲突也就会越多。

再说择业吧，只有小学文化并且没有什么专业技术的人可选择的机会不是很多，因而只要找到了一份工作，他就会很乐意地去做并能踏实地做好；而受过高等教育的工程技术人员可以从事的职业当然很多（包括简单的体力劳动），每一份工作都能满足他的某些需求，那么究竟去干什么工作，他的心里就不可能没有困惑了。

无论何种冲突与矛盾，其实质都是要在几种可供选择的方案中做出唯一的选择。在选择之前，我们的大脑一直会对方案进行反复的比较和鉴定，这种高负荷的工作总是伴随着紧张、焦虑、烦躁、不安等负面情绪，特别是当我们面临人生的重大选择时，这样的情绪会更强烈、更深刻，也更持久。每个人都无法长期忍受这种状态，因此总是希望自己能尽早做出选择。一旦做出了选择，这种烦躁不安的情绪也就会随之结束。

选择意味着放弃那些不合理的方案，同时，选择还意味着必须接受这一选择将要带来的一切后果，这就是我们平常所说的“对自己的选择负责”。那些长时间处于矛盾冲突状态以至于出现心理障碍的人，往往具有这样的个性特征：过度完美化。过度追求完美，就不愿放弃那些相对不重要的目标，因而迟迟不能做出选择，进而错失了好多时机。而那些依赖性较强的人，因为不敢或不想承担责任，害怕面对可能到来的不良后果，所以不能独立地做出选择，最终因长时间承受负面情绪的压力而加重自卑感。

北大的朋友们曾给出了以下几点关于选择的原则性建议：

一是，放弃幻想，从现实入手。

完美化的幻想会让人产生不切实际的愿望：“如果……”“要是……”为了等待这些虚幻的假设，我们就会长时间地陷入内心矛盾和冲突之中，并因此失去原有的自信。其实，我们面前的目标，就目前状态来说，都不可能是“最好的”，都需要我们做出努力之后才有可能变成“最好的”。所以，面对现实，付诸行动才是最重要的。

二是，推迟决策，从小处着手。

有些心理冲突是因为过早地要做出“最终决定”，而自己能够掌握的信息并不是很多，一时难于做出选择。比如二十四岁的他，与对方接触不久，就希望得出明确的结论：要不要跟她谈朋友？由于了解不多，此时做出的选择难免不成熟。倘若进一步了解，就可以对她有新的认识——也许不再觉得她“不好看”，也许不再觉得她“聪明和善良”——那时候再做选择也就不会有太大的困难了。

三是，切断退路，让自己别无选择。

带来心理矛盾冲突的每一个目标，对于我们都各有利弊，因此，任何选择都有其合理的一面，所以，让人困惑的就是我们往往无法精确衡量得失之间的大与小。与其花太多的精力去做细致的比较，不如切断退路选取其一，然后专心致志地为之努力，这往往会使我们获得更丰厚的回报。

有人曾经打过一个比喻：“把一对夫妇安置到人迹罕至的大森林里去生活，想必他们不会有离婚的念头，因为别无选择，他们将致力于巩固彼此的关系。”事实上，无论在人生的哪一个领域，别无选择都会是最好的选择——它能使我们集中个人有限的精力，去走好自己的路。

人的一生中会面临许多的选择，学业、就业、恋爱、婚姻、人际交往，等等，这些常常会让我们产生困惑，很多时候，我们很难做到抛开生活中的各种诱惑。我们常常感到是事情让我们左右为难，其实是自己的不确信的心态左右了我们的思维。从现在起，好好审视自己，我们不可能把所有想做的都做完，但我们应该能让自己发挥最好的一面去完善人生。

信心是一种态度，常使“不可能”消失于无形

北大人一直认为：消极的心态使人走向失败，而积极的心态使人走向成功。自信这种积极的意识是一种巨大的力量，给我们人生的行动以能量。自信也是源于意识和潜意识的。

意识和潜意识是成功的“第一把金钥匙”。人的意识和潜意识具有操纵人类命运的巨大能力。如果意识给潜意识一个目标，潜意识就会为实现这个目标而行动起来，如果意识给潜意识一个指令，潜意识就会认真地去执行这个指令。

传说，有个勤奋好学的木匠，一天去给法庭修理椅子，他不

但干得很认真、很仔细，还对法官坐的椅子进行了改装。有人问他其中原因。他解释说，“我要让这把椅子经久耐用，直到我自己作为法官坐上这把椅子。”最后，这位木匠通过努力的学习，考到了法官资质，后来果真成了一名法官，坐上了自己亲手做的这把椅子。

相信自己能够成功，往往就能成功，这是人的意识和潜意识在起作用。这是北大人经常对学生们的告诫。当一个人在做决定时，他的潜意识其实已经提前做好了准备。换句话说，意识决定了“做什么”，而潜意识便将“如何做”整理出来。意识好像冰山浮出水平线上的一角，而潜意识就是埋藏在水平线下面体量更大的那部分。有人还用科学术语做比喻：人体的神经系统，特别是大脑，就相当于电脑的“硬件”，意识就是这部无比精密电脑的“操作者”，潜意识就等于电脑的“软件”。读了这些生动的比喻，你就会明白意识和潜意识之间的关系和奥秘了。

我们从古今中外许多科学家身上可以发现，他们的成功虽然各有不同，但在善于运用意识和潜意识的力量这一点上却几乎都是相似的。一个人如果下定决心做成某一件事，那么，他就会凭借意识的驱动和潜意识的力量，跨越前进道路上的重重障碍，成功也就有了切实可靠的保证了。

被称为新工业之父的亨利·福特，年轻时曾在一家电灯公司当工人。有一天他突发奇想，产生了要设计一种新型引擎的意识，他把这个想法告诉妻子，妻子对他的发明研究一直是很支持的，还鼓励他天下无难事，想做就去试一试吧。她把家里的旧棚子专门腾出来，供他做试验用。福特每天下班一回到家里，就钻进旧棚子里做引擎的研究工作。在冬天，旧棚子里非常冷，他的手经常会被冻出紫包，牙齿在寒冷中咯咯颤抖，可他对自己默默地说："引擎的研究已经有了头绪，再坚持干下去就能成功。"亨利·福特充分调动了自身的"自动引导系统"，在旧棚子里苦干了三年，这个异想天开的稀奇东西终于问世了。1893 年，亨利·福特和他的妻子乘坐着一辆没有马的马车，在大街上摇晃着前进，街上的人被这景象吓了一跳，有些胆小者甚至吓得躲在远处观看。从这一天起，这个对整个世界都产生深远影响的新工业，就在亨利·福特的意识和潜意识的驱动下诞生了。

后来亨利·福特决定制造著名的 V8 型汽车时，他要求工程师们在一个引擎上铸造 8 个完整的气缸。工程师们听了都直摇头说："这不可能。"福特命令道："谁不想干，就走人！"工程师们谁也都不愿意失业，只好照着亨利·福特的命令去做。因为他们认为这是一件不可能的事，所以谁都没有把成功输入在自己的意识里，这样潜意识也就闲置起来。几个月过去了，研究还是毫无进展。没人按亨利·福特的命令去做。因为他们认为这是一件不可能的事，于是他决定另外挑选几个对研制 V8 型汽车有信心的人去完成。他坚信人一旦有了稳操胜券的心理，就有了希望。新挑选的几个工程师经过反复研究，忽然间，好像被一股神秘的力量"击中"，终于找到了制造 V8 型汽车的关键窍门。

是什么令这 V8 型汽车从无到有呢？是什么让这看起来很“不可能”的计划奇迹般地成功呢？这就是意识和潜意识的无形力量在起作用。意识虽然是极小极小的“已知能量”，而潜意识却是大脑细胞内匿藏着的很大的潜能。亨利·福特就是用这小小的已知力量，开发了那无穷无尽的大脑潜能。

意识和潜意识是一种催人奋进的力量，敢想就敢做，敢做成功的概率就大。最可悲的是那些连想也不敢想的人。而且，我们应该始终相信，是自己对自己的那种信心，让不可能变成可能。

第四章 坚定的行动胜过一切语言

我们常说，再美好的理想如果不去行动，它也终不过是一个存在于想象上的梦而已，但是，如果我们去做了，每做一点，就会离我们的理想更近一点。踏实的北大人用实际行动告诉我们，坚定的行动胜过任何的语言和想象。百年北大一路风雨历程、硕果累累，充分地说明了行动在人一生中的重要性。

行动力及心态的调整

所谓行动力，是指能够策划出战略意图，并且具备超强的自制力，同时能够去突破自己，实现自己想做而不敢去做的，或者是自己认为自己能力不足的事情；而且能够在制订计划以后就下定决心一定要去实现它。行动力对个人而言就是一种自制力和自我的督促能力；对个人团队而言就是一种领导力，一种带动大家一起努力的行为能力。

每一个人都会有遇到挫折的时候，但千万不要因为一时受挫，就对自己的能力产生怀疑，进而形成一种压力。

当你遇到挫折的时候，应该保持头脑清晰、面对现实、勇敢面对、不要逃避，冷静地分析一下整个事件的过程，分析一下是自己本身存在的问题，还是由于外来因素而引起的呢？还是两者皆有呢？假如是自身因素的话，那么自己就应该好好反省一下自己，为什么会犯这样的错误呢？以后应该怎样去做，才能避免同类事件的发生呢？如果事情已经发生了，不要急于去追究责任或是责怪自己，而应该想想事情是否还有挽回的余地呢？要是有的话，应该怎样做才能把损失或伤痛减到最低呢？应该怎样做自己才会感觉舒服一点呢？

当你遇到困难的时候，请记住这样一句话：没有永远的困难，也没有解决不了的困难，只是解决时间的长短而已。与漫长的人生相比，困难只不过是一种颜料，一种为人生增添色彩的颜料而已。所以，当你遇到困难的时候，不要逃避问题或者是借酒消愁，更没有理由让自己一味地消沉，只要你对自己有信心的话，那么什么样的困难都难不倒你了。

那么如何才能提高自己的自信心呢？

首先，得先克服自卑的心理。

每天在心中默默地告诉自己“我行，我能行”。别的人能行的，我也行啊！大家一样都是人，都有一个脑袋、两只手，智力水平也相差不多，只要努力，并且方法得当的话，那么还有什么事是我们办不到的呢。

其次，每天都能保持甜美的笑容。

一个没有信心的人，经常会给人以眼神呆滞、愁眉苦脸的感觉，而那些雄心勃勃的人，则眼睛总是闪闪发亮满面春风的。一个人的面部表情与人的内心体验总是一致的。笑是快乐的表现，笑能使人产生信心和力量；笑能使人心情舒畅，精神振奋；笑能使人忘记忧愁，摆脱烦恼。要学会笑，学会微笑，学会在受挫折的时候也能笑得出来，这样就会提高自己的自信心。

最后，做人一定要昂首挺胸，同时也要学会主动地与他人交往。

遇到挫折而气馁的人，常常垂着头，这是失败的表现，是没有力量的表现，更是丧失信心的表现。那些成功的人、得意的人、获得胜利的人总是昂首挺胸、意气风发。昂首挺胸是富有力量的表现，是自信的表现。

积极的自我形象和健康的生活态度，是一种可以增强人抵抗压力疾病的免疫能力。自我怀疑和对自己的能力失去信心是常见的。任何人，无论表现得多么自信，也难免对他面临的挑战缺乏自信心。这常常是对压力的一种自卫性的反应。但是如果长期地让自信心丧失的话，就会影响对自己能力的认识，压力就产生了。情绪上的、心理上的或生理上的毛病就相伴而来了。许多心理健康专家认为：人产生焦虑、沮丧等是因为自我形象和别人对你的看法有矛盾而造成的。

因此，如果无法克服焦虑或沮丧，应去找专家帮助，治疗的首要目标就是改变自我认识。一旦找回了自我价值，压力就会减少，症状也就消失了，人变得更积极了，行动能力也就有了。感受一下，你在照镜子的时候，是无忧无虑、身心轻松的表情，还是焦虑不安、心情紧张的样子？积极的自我形象是自信心的表现。如果你认真思考，就会发现自己生活中积极的方面。

下列的措施可以帮助你提高自信心，改善生活：

列出你性格中积极方面，可更好地了解自己。

对自己的成功给予积极评价。

选择生活中的某一方面，努力改变。

制定可以完成的目标。

不要过快地改变生活中的太多方面。

找出一个合适的典范，而不是一个不现实的偶像加以学习。

不要对过去的失败和错误的判断耿耿于怀。

不要用酒精刺激自信心。

多做自我评价，记下自己的优点和成功，可以让自己更好地着眼于积极的生活，从而增强自信心。

一个人由于缺乏成功的经验，缺乏客观的期望和评价，消极的自我暗示又抑制了自信心，加上生理或心理上的缺陷、恶劣的生活境遇等原因导致了自卑心理的产生。这种心理常表现为抑郁、悲观、孤僻。如果任其发展，便会成为人的性格的一部分，难以改变，这些严重的影响人的社会交往，抑制人的能力发展。

那么如何来克服自卑心理呢？

首先，要有意识地选择与那些性格开朗、乐观、热情、善良、尊重和关心别人的人进行交往。在交往过程当中，你的注意力会被他人所吸引，会感受到他人的喜怒哀乐，跳出个人心理活动的小圈子，心情也会变得开朗起来，同时在交往当中，能多方位地认识他人和自己，通过有意识的比较，可以正确认识自己，调整自我评价，提高自信心。

其次，要不断提高对自我的评价，对自己做出全面正确的分析，多看看自己的长处，多想想成功的经历，并且不断进行自我暗示、自我激励："我一定会成功的""人家能干的，我也能干，我不比他们差"，等等，经过一段时间的锻炼，自卑心理会被逐步克服。

最后，要想办法不断增加自己成功的体验，寻找一些力所能及的事情来先作为试点，努力去获取成功。如果有了第一次的行动成功，会使自己增加不少的自信心，然后再照此办理，可以获取下一次的成功，随着成功体验的积累，原来的自卑心理就会被自信心所取代了。

说的再多也不如慢慢去做的效果好

行动是成功的保证。任何伟大的目标，伟大的计划，最终必然落到行动上。

北大人始终认为，行动具有激励作用，行动是对付惰性的最佳方式。只有行动才能使人“更好”。因此最聪明的做法就是，立即行动，通过行动去实现自己向往的目标，想做什么就去做什么，然后再考虑完善自我或完善目标。只要行动起来，就会走上正轨从而创造奇迹的。

美国戴尔电脑公司总裁迈克尔·戴尔总喜欢这样说：“如果你认为自己的主意很好，就立即去试一试!”年轻的迈克尔正是以此成为企业巨子的。他如今是美国第四大个人电脑生产商，也是《财富》杂志所列500家大公司的首脑中最年轻的一个。迈克尔是在得克萨斯州的休斯敦市长大的，有一兄一弟，父亲是一位畸齿矫正医生，母亲是证券经纪人。小的时候，迈克尔就已显出勤奋好学、干劲十足的优势。有一次，一位女推销员上门，说要和“迈克尔·戴尔先生”面谈他申请中学同等学历证书的事情。于是，当时才八岁的迈克尔就向她解释说，他认为尽早把中学文凭解决掉可能是个好主意。几年以后，迈克尔有了另一个好主意：在集邮杂志上刊登广告，出售邮票。后来，他用赚来的2000美元买了他的第一台个人电脑。他把电脑拆开，研究它怎样运作。

迈克尔读到高中的时候，找到了一份为报纸征集新订户的工作。他推想新婚的人最有可能成为订户，于是雇请朋友为他抄录新近结婚的人们的姓名和地址。他将这些资料输入电脑，然后向每一对新婚夫妻发出一封有私人签名的信，允诺赠阅报纸两星期。这次他赚了1.8万美元，买了一辆德国宝马牌汽车。汽车推销员看到这个17岁的年轻人竟然用现金付账时，惊愕得瞠目结舌。

当迈克尔·戴尔进入奥斯汀市的得克萨斯大学时，像大多数大一学生那样，他需要自己想办法赚零用钱。那时候，大学里人人都在谈论个人电脑，凡没有的人都想买一台，但由于售价太高，许多人买不起。一般人所想要的，是能满足他们的需要而又售价低廉的电脑，但市场上没有。戴尔于是就在心里想："经销商的经营成本并不高，为什么要让他们赚那么多的利润呢？为什么不由制造商直接卖给用户呢？"戴尔知道，IBM公司规定经销商每月必须提取一定数额的个人电脑，而多数经销商都无法把货全部卖掉。他也知道，如果存货积压太多，经销商会损失很大。于是，他按成本价购得经销商的存货，然后在宿舍里加装配件，改进性能。这些经过改良的电脑十分受欢迎。戴尔见到市场的需求巨大，于是就在当地刊登了广告，以零售价的八五折推出他那些改装过的电脑。不久，许多商业机构、医生诊所和律师事务所都成了他的顾客。

现在，戴尔电脑公司在全球几十个国家都设有附属公司，每年收入超过百亿美元。

正如北大人常说的："行动不一定就带来成功，但没有行动则肯定没有成功。""说一尺不如行一寸。"任何伟大的计划，最终必然要落实到行动上。“想得好是聪明，计划得好更聪明，做得好是最聪明又最好。”

比如说，我们面对着一面悬崖峭壁，一百年也看不出一条缝来。但如果我们用斧凿，能进一寸便进一寸，能进一尺便进一尺，这样的不断积累，飞跃必然会来，突破也就随之而来。记住：行动是通往成功的唯一道路！迟迟不见行动是十分有害的，不仅不能实现自己确定的目标，而且会消磨意志，使自己逐渐丧失进取心。

想到就去做，行动最重要

人要做成事的秘诀是什么呢？很简单，是行动。而督促你去运用这一秘诀的座右铭就是：“现在就去做。”

常常是这样的，立即行动能改变命运是因为行动可以创造更多的成功机会，行动可以学到未曾学习过的东西，从而使自己一步步地向成功迈进。所以，每一个希冀自己获得成功、造就灿烂人生的人都应该把立即行动作为自己的座右铭。

其实制定目标并不算太难，可是要能贯彻到底就不是一件容易的事了。相信很多人都有过这样的经验，刚定好目标时颇有磨刀霍霍的干劲，可是过了几个星期后就没劲了，更别提实现目标的自信，早已荡然无存了。

所以，建议，当一个人在想好一项目标以后，首要的步骤就是要把它写在纸上，随后最重要的一步就是让自己立即行动起来，向着把目标实现的方向拿出具体的行动，别一拖再拖。你先别管要行动到什么程度，最重要的是要动起来，打一个电话或拟出一份行动方案都是可行的，只要在接下去的十天内每天都有持续的行动。当你能这么做时，这十天小小的行动必然会形成习惯，最终把你带向成功。

北大人的经验告诉我们：做任何的事，只要你迈出了第一步，然后再一步步地走下去，你就会逐渐靠近你的目的地。如果你知道你的具体的目的地，而且向它迈出了第一步，你便走上了成功之路！

我们要想获得成功，就必须抓住适当的机会，而把握机会的秘诀则是快速的行动与准备。如果人生是旅程，机会是导游，我们就是旅客。必须随时预备好行李，只要听到机会敲我们的门，立刻提起行李跟它走。如果我们不能掌握时机，虽然起步只比别人迟一点，未来却可能会差许多。

当你把目标写下来之后，随之最重要的就是朝着目标的方向立即行动起来，它是达到目的的唯一手段。

对人生来说，制定目标并不难，难的是付诸行动。制定目标可以坐下来用脑子去想，实现目标却需要扎扎实实的行动，只有行动才能化目标为现实。

许多人都制定了自己的人生目标，从这一点来说每一个人似乎都像一个谋略家。

但是，相当多的人制定了目标之后，便把目标束之高阁，没有投入到实际行动中去，结果到头来仍然是一事无成。

目标已经制定好了，就不能有一丝一毫的犹豫，而要坚决地投入行动。观望、徘徊或者畏缩都只会让你延误时间，以致使计划化为泡影。

一个人要做一件事，常常缺乏开始做的勇气。但是，如果你鼓足勇气开始做了，就会发现做一件事最大的障碍往往是来自自己的内心，更主要是缺乏行动的勇气，有了勇气下决心开了头，似乎再往下做就会是顺理成章的事情了。

有了第一步，就会有第二步、第三步……这样不断地做下去，你就会发现离目标越来越近，你的目标正在渐渐地化为现实。

在美国曾经有一位六十多岁的老人经过长途跋涉，克服了重重困难。从纽约市步行到了佛罗里达州的迈阿密市。在那里，有几位记者采访了她。他们想知道，这路途中的艰难是否曾经吓倒过她？她是如何鼓起勇气，徒步旅行的？

“走一步路是不需要勇气的”，老人答道，“我所做的就是这样。我先走了一步，接着再走一步，然后再一步，我就到了这里。”

老人的故事告诫人们：要使美梦成真，唯一的途径就是去行动，去实践。只要定位清晰，目标明确，那么你就是投入一分行动，就将向成功走近一步。如果投入十分的行动呢？你将拥抱成功。

用行动挑战自己

北大的朋友说起他们在一所医院的所见所闻：

一间病房里同时住进来两位病人，都是鼻子不舒服。在等待化验结果期间，甲说，如果是癌，立即去旅行，并首先去拉萨。乙也同样如此表示。结果出来了。甲得的是鼻癌，乙长的是鼻息肉。

甲列了一张告别人生的计划表离开了医院，乙住了下来。

甲的计划表是：去一趟拉萨和敦煌；从攀枝花坐船一直到长江口；到海南的三亚以椰子树为背景拍一张照片；在哈尔滨过一个冬天；从大连坐船到广西的北海；登上天安门；读完莎士比亚的所有作品；力争听一次瞎子阿炳原版的《二泉映月》；写一本书……凡此种种，共 27 条。

他在这张生命的清单后面这么写道：我的一生有很多梦想，有的实现了，有的由于种种原因没有实现。现在我的时间不多了，为了不留遗憾地离开这个世界，我打算用生命的最后几年去实现剩下的这 27 个梦想。

当年，甲就辞掉了公司的职务，去了拉萨和敦煌。第二年，又以惊人的毅力和韧性通过了成人考试。这期间，他登上过天安门，去了内蒙古大草原，还在一户牧民家里住了一个星期。现在这位朋友正在实现他写一本书的夙愿。

有一天，乙在报上看到甲写的一篇散文，打电话去问甲的病。甲说，我真的无法想象，要不是这场病，我的生命该是多么地糟糕。是它提醒了我，去做自己想做的事，去实现自己想去实现的梦想。现在我才体味到什么是真正的生活和人生。你生活得也挺好吧！乙没有回答。因为在医院时说的去拉萨和敦煌的事，早已因患的不是癌症而放到脑后去了。

在这个世界上，其实每个人都患有一种癌症，那就是不可抗拒的死亡。我们之所以没有像那位患鼻癌的人一样，列出一张生命的清单，抛开一切多余的东西去实现梦想，去做自己想做的事，是因为我们认为我还会活得更久。然而也许正是这一点量上的差别，使我们的生命有了质的不同：有些人把梦想变成了现实，有些人把梦想带进了坟墓。

每一个明天都是希望。无论陷入怎样的逆境，都不应该绝望，因为前面还有许多个明天。乐观的人，在绝望中仍然满怀希望；悲观的人，在希望中还是绝望。

西方曾经有这样的一个传说：

上帝把 1，2，3，4，5，6，7，8，9，0 十个数字摆出来，让面前10个人去取，并安排说：“一人只能取一个。”

人们争先恐后地拥上去，把9，8，7，6，5，4，3都抢走了。

取到2和1的人，都说自己运气不好。

可是，有一个人却心甘情愿地取走了0。

有的人说他傻：“拿个0有什么用?”也有的人笑他痴：“0是什么也没有呀！要它干啥?”

这个人说：“从0开始嘛!”便埋头苦干，孜孜不倦地努力起来。

他获得了1，加上0便成为10；他获得了5，加上0便成了50。

他一心一意地干着，一步一步地向前。

他把0加在他获得的数字后面，便十倍十倍地增加。他终于成为最富有的、最成功的人。

还有一个古老的故事是这样讲的：

在古时候，有一个很偏僻的村子，村子位于险峻的丛山之中，因为山路很不好走，所以村里大部分人都没有外出过。

村子里有个男孩，单身一人，平日里便靠替村子里的富裕人家放牛赚些工钱，维持生计。

每天晚上收工以后，工人们会聚集在一起聊天，因为雇主家是做买卖的生意人家，每隔一段时间便会召集一些伙计把收购好的山货运送到外面贩卖。所以，工人之中有几个跟随主人外出过的人。当大家聚集在一起聊天的时候，这几个外出过的工友便喜欢把他们在外地的见闻讲给大家听。

放牛娃对外面的世界充满了好奇，从工友们的聊天中，他知道了原来外面的世界和自己生活的地方有那么多的不同，外面的世界有很多好吃好玩的，有戏班子、有杂耍、有糖葫芦，还有专门招待四方旅行者的大客栈。

放牛娃开始向往外面的世界，有时候做梦的内容也是梦见自己跑到外面去了。

这一天放牛娃得到了一个消息，原来雇主家的少爷即将要外出去山外面做生意了。

于是放牛娃鼓起勇气找到雇主家的少爷。

他对少爷说："少爷，我知道您即将要去山外面做生意，这次能不能带上我一个。"

少爷看看放牛娃，少爷虽然很少和放牛娃讲话，但是他对放牛娃是了解的，他知道放牛娃为人忠厚，平日也算能干，但是对于放牛娃的要求，少爷犹豫了再三还是拒绝了，因为他觉得放牛娃年纪尚小，现在若出远门，总觉得欠些火候。

但少爷也不想太伤放牛娃的心，他对放牛娃说："放牛娃呀，我给你一个任务吧，如果你能顺利地完成任务，那么我便带你去山外面。"

放牛娃很开心，激动得连连点头。

少爷说："你目前的工作是放牛，而且我知道老爹交给你的牛有二百多头，我这次外出要三年时间才能回来，我想对你进行三年的考验，在这三年中，如果你可以把这些牛一个不少地照顾好，那么等到三年后，我再去外地的时候，一定会带上你。”

放牛娃先是一愣，但很快便高兴地接受了少爷的任务，因为他觉得虽然三年时间长了点，但是也算是有了一个很好的希望，再说放牛娃对自己的放牛技术还是有信心的。

自那天起，放牛娃开始全身心地投入工作，他更加细心地照顾牛，除了每天在山里为牛儿寻找口感与营养都达到上乘品质的牧草外，他还全方位地照顾着牛群，有时遇见失恋的公牛，他会主动找它们聊生活、谈思想，鼓励它们从失恋的阴影中走出来。对于那些怀孕的母牛，他也会适当安排一些活动辅助它们做心理调节，协助它们缓解妊娠期可能出现的情绪波动。而到了母牛生产之后，他则会采取中西医结合、外辅助食疗的方法，帮助这些新妈妈共同对抗产后抑郁症。

放牛娃的敬业精神，受到了大家的肯定。时间过得很快，转眼到了第三个年头，放牛娃自己变化也不小，他长大了一些，也长高了一些。

放牛娃知道自己距离梦想更近了一步，他开始更加期待与少爷三年约定之期的到来。

然而此时的他完全没有想到危险已然临近了。

放牛娃所住的山村边的高山里住着一只老虎，这只老虎虽然长得强壮，实际上胆子很小，对于放牛娃的牛，老虎眼馋了很久，但一直不敢下手，一来放牛娃看得太紧，二来牛群的数量太大，老虎也怕一个不小心犯了众怒，偷牛不成反而被牛踩个半死。

开始，当放牛娃把牛带进山里的时候，老虎只是在远方偷窥，流着口水思念着美味的牛肉。在空想了许多天，又无法得手后，老虎也觉得自己不能再这样沉沦下去了，对于牛群，它决定采取不闻、不看、不思的“三不”原则，自己专注做着自己该做的事情。

可是，因为放牛娃的用心经营，他所养的牛一个一个都长得白白胖胖的，老虎坚持了很久，忍耐力被心中的贪念打败了，老虎决定铤而走险。它找了一个机会，趁放牛娃和牛群不防备，偷走了走在最后的一头牛。

这一天，放牛娃回到了家里，一边数数一边把牛群送进牛棚，可是他发现，牛居然少了一头。

放牛娃以为自己数错了，于是又细心地数了一遍，结果发现真的是少了一头。

放牛娃急了，匆匆忙忙地跑进山里，找遍了牛平时去的每个角落，最后他在山谷中发现了被老虎偷吃剩下的牛的尸体。

放牛娃哭了。他觉得自己两年多的努力失败了，他一边哭一边回到了家里。

这一夜，放牛娃失眠了，他想起来自己长期以来照顾牛的辛酸。他觉得自己就好像马拉松比赛中即将拿到冠军的人，最后却倒在了终点线前。

放牛娃开始浑浑噩噩地过日子，每天他仍然会把牛群带出去，只是他再也找不到往日的激情，他任由牛群在山里乱跑，而他自己则失神地望着天空发呆，很久很久。

偷了一头牛的老虎，虽然还想吃第二头牛，可是由于怕放牛娃的打击报复，所以它决定先忍上几天。可是不久后，它忽然发现放牛娃不像以前对牛群看管得那样严了，同时他又发现，牛群也越来越散漫了。

于是老虎便一头又一头地偷起了牛，而放牛娃呢？他甚至连牛越来越少的现象也不在意了。

故事的结局是怎么样的呢？

没错，由于少了太多的牛，放牛娃因为对牛的看管不利，而被主人家解雇了，去外面世界看看的愿望当然也泡汤了。

而老虎呢？因为偷牛得手越来越容易，所以它养成了爱吃不运动的恶习，最后被山里的猎人抓住，卖到山外的马戏团当表演动物了。

人生其实总是悠长而又苦乐交融的。我们每一个人都期待着完美，事实却是没有人可以随心所欲地主宰自己的生活。我们期待像童话故事般圆满的结局，但我们应该知道前往桃花源的道路之上也可能是四处泥泞。

有些未知的人、有些缺憾的事，总会在我们生活的美丽画卷中出现。要学会接受它、化解它。那个充满着活力的放牛娃，在遭遇了一次挫折后，便开始自暴自弃，最后丧失了理想与生活动力。这样当然是个错误。

所以说，无论我们遭遇到怎么样的挫折，经受了怎么样的打击，都不该因此去否定整个美好的人生。能懂得把目光从阴暗处移开，去学会环顾四周欣赏美景，是我们在生活大道上畅快前行的根本。

为什么你不敢将梦想付诸行动？是因为觉得为时已晚，还是害怕失败？别着急，现在开始为时不晚。从零开始，经营自己的人生，也许将会收获更多。这些简单的故事告诉我们，要勇敢地挑战，因为只有你心中有希望，才能战胜或者克服困难与挫折。而放牛娃也许是我们当中的任何一个人，如果我们不能正视困难与挫折，只能像他一样颓废了。

相信你做得到，你就一定会做到

很多的时候，人们之所以做不出什么大的成功，因为有一些事情自以为自己做不到，其实，只要能想到的事，都能做到的，只是，人们在面对一些挑战的时候，连想也不敢想，又怎么能做到的呢？但是，不论是想还是做，都要有自己的原则，否则成功也难。

传说公仪休爱吃鱼是出了名的，他几乎每天都要吃鱼，后来，甚至于达到了每天无鱼不欢的地步，连小毛病都能靠吃鱼来治愈。可以说，鱼对于他来说简直是一种神奇的药物，所以天天都有人去给他买鱼。

一个人要是天天都吃同一种鱼当然也没有意思，所以公仪休吃鱼也不断地换着花样。他吃过的鱼有很多，既有淡水鱼，也有海水的鱼；既有南方的，也有北方的。鱼的品种包括：草鱼、鲤鱼、鲢鱼、青鱼、鳙鱼、鲫鱼、黑鱼、黄花鱼、大黄鱼、小黄鱼、带鱼、墨鱼，还有鳝鱼、泥鳅，等等，真是数不胜数。公仪休又特别讲究烹鱼方法，煎、炒、蒸、煮以及一些别人叫不出名字的方法，他都交替使用。他挑选厨师，主要就看他烹的鱼滋味美不美，花样多不多。他还常常亲自到厨房去指导厨师做出稀奇古怪的花样来；心情特别好的时候，他还会亲自露一手，他的烹鱼手艺可真令人叫绝！

后来，公仪休当了鲁国的宰相。于是，上上下下认识他的人以及那些想求他办事的人，都争着买鱼去送给他，不料全都被公仪休拒之门外。他的学生觉得很奇怪，就问他说："既然先生这么爱吃鱼，为什么不接受别人送的鱼呢？"

公仪休说："正因为我爱吃鱼，所以才不接受别人送的鱼。如果接受了，办事的时候就会徇情枉法，这样我就会有被革去宰相职务的危险，到那个时候，就是我想吃鱼，这些人也不会给我送鱼了；我没了俸禄，自己又买不起鱼，那就没法天天吃鱼了。与其这样，我不如现在不接受别人的鱼，廉洁奉公，做个好宰相。虽然不能吃别人送的鱼，但我自己的俸禄能保证我天天有鱼吃。”

公仪休当然不仅仅是为了天天吃鱼才不受贿，但他的话却蕴含着深意。一个人往往是有所嗜好的，这种嗜好很容易成为他的弱点，因为别人可以利用他的嗜好去损害他的事业。公仪休清醒地看到了这一点，他不接受别人的鱼，也就使自己的弱点不至于毁掉自己，这实在是一种非常明智的做法。问题是，有的人看不到自己的弱点，有的人知道自己的弱点却不能像公仪休那样时时不放松警惕。

北大的学生周臻畅在回忆自己高中三年的生活时说：“从高一的自暴自弃到高三的奋发图强，自信给了我很大的力量。”

高一的时候，每次考试周臻畅都排名在三十多名，最差的一次是班上倒数第三名。久而久之，他开始变得自暴自弃，甚至认为自己比不上别人。不过，高二的一次生物竞赛却改变了他的这种心态。

那次，他获得了生物竞赛全国一等奖。“原来我并不比别人笨，我可以做别人做不到的事。”这次获奖让周臻畅相信，既然能拿到生物竞赛全国一等奖，那么自己在学习上一定也能赶上来。

有了自信，他读起书来更勤奋，慢慢把以前落下的功课都补了上来。“在学习中，坚持和积累这两点很重要。”摸清学习方法后，周臻畅觉得学习轻松多了，最终在高考中脱颖而出。

在孩子成长的过程中，怎样引导孩子？周臻畅的妈妈说："树立理想、增加自信、用孩子喜欢的方式和孩子交流，这些都是行之有效的方法。"为了培养周臻畅的自信，妈妈要求他大胆和别人交流，多组织一些班级活动。她觉得在组织活动的过程中，孩子能力也能得到很好的锻炼。

或许我们每一个人都有这样那样的缺点和弱势，但是，能不能在竞争中脱颖而出，还要看你是不是有信心展示自己。周臻畅的故事告诉我们，人生的舞台不会永远写上失败，只要你有信心，相信自己能行，你也会成为一个优秀的歌者。

抓住机会，勇于尝试

踏入社会意味着我们开始奏响人生的前奏曲，从此将要书写事业的奋斗篇章。其实，人生奋斗有许多层次，其中第一条，就是尝试，第二条就是竞争，第三条就是合作，第四条就是搏杀。如果连尝试一下都不愿意的话，那么人生奋斗也就无从谈起了，只能是做梦。

在现实生活中，我们会发觉"看着黑"，但是走下去却"未必如此"，往往是走到黑暗"近"处的时候，就会发现，原来并不太黑，甚至根本就是"亮"的。这不仅是自然界的一种情形，在人生的事业、爱情、家庭、金钱和人际关系等方面也是如此。坐在那里想，越想越可怕，坐在那里看，越看越黑暗。如果我们能够尝试着向前走，不畏艰难和黑暗去进行尝试，我们就会发现，其实并没有什么可怕的问题。

现实生活中，事情往往远没有你一开始时坐在那里想的可怕和黑暗。想着怕、看着黑，实际却是不尽然的。

北大人的经验告诉我们，人生需要尝试，特别是在创业时期。一般说来，创业之初并不知道结果如何，那么，在这个时期，就需要尝试、尝试、再尝试，试验、试验、再试验，挑战、挑战、再挑战。当然，这里所说的尝试、试验、挑战是有一定限制的，那就是必须在保证生命安全的前提下，去进行尝试。因为，生命只有一次。如果尝试的后果是生命的消失，也就不是尝试了，而是一种无谓的冒险、无谓的牺牲。这些与我们所说的“尝试”是格格不入的。

其实，尝试也必须是有实力保全的，必须是可以控制的，必须是非常小的投入的。如果用一个数学的逻辑比喻来说的话，自己的力量向外投入40%，留住60%则一定是可控的，也就是说，可以“拉回”的。但是，这时的可控制的保险系数也不是很高。因为，只有60%，事实上到50%时，已经是一半对一半了。对于尝试的可控制程度来说，应该是“绝对可靠”，那么，也就是说，起码要留住80%～90%才是可靠的，才是尝试性质的，万一出现些损害或损失，都不要紧。都是可以“拉”回和可以承受的。尝试的投入最好不要超过20%！

我们也都知道，世上没有一蹴而就的事情。成功需要在尝试中总结，在尝试中前进。

那些具有过度安稳心理的人常常会失掉一次次获得财富的机会，所以人生就应当抓住稍纵即逝的机会，过度的谨慎就会失去它。

你见过溪流中的落叶吗？它们有的匆匆而过，很快就看不见了；靠近河岸的落叶，却慢慢地飘荡着；有的被卷入漩涡里，有的飘到静水处，动也不动。

人生也就像流水中的落叶，有的在一个地方打转转，有的乘着急流往下游奔去。只有乘着急流，才能寻找到新的机会。因此说，我们要做的，就是用自己的力量向着急流游去。

百年北大告诉我们：有自信心的人，必将要接受考验，毅然跳进未知的世界当中，向中心处游去。他们知道，只要肯冒险，必定可以学到新的经验。懦弱的人、怕变化的人，只好躲在原来的安全地带，眼巴巴地望着别人乘着急流往前直奔。

著名的牛仔服大王利维·施特劳斯就是一个敢于冒险，抓住机会，最终乘着急流欢快而下的勇敢者。

1847年，17岁的利维·施特劳斯从德国来到美国，投靠纽约开布店的哥哥。

1850年，美国西部出现了淘金热，20岁的利维也加入了这股被发财的热浪所驱使的人流之中。然而，当他只身来到旧金山，看到了熙熙攘攘、成千上万的淘金者之后，他改变了淘金的初衷，决定另辟发财门径。他先是开设了一家销售日用百货的小商店并制作野营用的帐篷、马车篷用的帆布。利维认为：淘金固然能发大财，但为那么多人提供生活用品也是一样能赚到钱的好生意呢。

有一天，利维正扛着一捆帆布往回走，一位淘金工人拦住他说："朋友，你能不能用这种帆布做一条裤子卖给我？我整天和泥水打交道，普通的裤子经不住穿，只有帆布做的裤子才结实耐磨呢。"

利维听后，灵机一动，一条生财之道马上闪现在他的头脑中。于是，他立即将那位淘金工人带入一家裁缝店，按他的要求做了两条裤子。这就是世界上最早的牛仔裤。

由于牛仔裤结实耐磨，很快就成为淘金工人的热门货。

由此可见，当机会来临的时候，一定要紧抓住它，你就抓住了成功的手。要及时抓住机会，你就要克服安于现状、恋栈旧巢的心态，摆脱惰性，克服传统和骄傲的心态，随时注意身边的事。

第五章　友善的合作是共赢的通路

任何事物都不是孤立存在的，那么，这就意味着我们做事业都是需要而且是必须要与人合作。北大学者们做研究，并不是自己闭门造车，而是与同行与学生们共同的合作，所以，我们说，北大的成就其实是北大所有精英共同努力的结果，百年北大的成功，就是基于合作的基础之上的。

合作引你走向成功

曾经多次见过蚂蚁合作搬运食物的过程，微小的力量凝聚在一起，是巨大的力量。我曾经多次与同学共同携手解开道道难题，有限的头脑连接在一起，便是无限的智商。在生活中，哪怕是一些小事情，都能体现出合作的好处，下面我们就来看一下一则学生日记中所写的内容：

团结就是力量，合作就是桥梁。每当我在窗前看见那个透着喜气的“中国结”时，总会想起那个同窗好友：小柳。

还记得那是一次美术课，学的就是如何编织中国结。真没想到，那看似简单的小小的中国结，里面竟然会包含那么多的技巧。这节学习编织中国结的课程，同学们大都学得稀里糊涂，觉得太难了！下课了，我与小柳一起琢磨来琢磨去，最后也是没有结果。

回家以后，我按照书上的步骤又试做，但始终都不成功。

第二天，我和小柳打算合作完成一个中国结。商量好了以后，我们两人利用了几个课间，就行动起来了。这次，我们下定决心一定要把这个中国结做出来。我们用一个大的塑料膜，一根红绳，用大头针固定住，按书上的步骤做着。书上的步骤图太复杂了，我们看得眼花缭乱，仍然没有成功。唉，真急死人了，但干着急是解决不了问题的，还是求教于别人吧。于是，小柳去找了两个已经学会了的同学教我们。他们耐心地教着，我们专心地学着。忽然，小柳恍然大悟地说：“原来如此，我明白了！”然后，在小柳的指导下，我也很快学会了。

不久以后，我们就编成了这个中国结，是我和小柳一起做的，虽然做工远不如书本上的样品，但这却是我们合作的结晶。

繁星缀满夜空，阳光沐浴大地。万物的生生息息，宇宙的斗转星移，生物链的共存共荣，无一离不开合作！

合作，繁衍了生命，进化了生命；合作，也必将让世界日新月异！

一个小学生都能明白的道理，何况大人？

千万别说合作不重要，而说竞争更重要，否则会陷入对方的陷阱。如果对方说合作更重要，你就往“合作是为了双赢，是为了提高自身的竞争力，最终目的还是战胜对手，实际也就是一种竞争的方式”上去想，既然是辩论，就要把自己的论点发挥到颠扑不破的地步。

德国的化学家本生和物理学家基尔霍夫是好朋友，他们合作发明了光谱分析仪，本生提供的化学设想，基尔霍夫设计的物理仪器，造就了这个伟大的发明。任何物质在分析仪面前燃烧一下，就能辨别出其中各种的光谱线。每种物质都有特定的光谱线，因此，用这个仪器就能分析出物质所含有的光谱线。

如果发现跟所有都不一样的光谱线的话，那么就等于发现了新的东西。后来，好多的新东西都是用光谱分析仪发现的。

有几个外国学者来到中国，他们找了几个中国孩子，让他们做一个游戏：把几个拴着细线的小球放进一个瓶子里，瓶口很小，一次只能容纳一个小球通过。

学者们说：“假设这是一个火灾现场，每个人只有逃出瓶子才能活下去。”

然后学者们让每个孩子拿一根细线。计时开始了，只见几个孩子从小到大，依次把小球取出来了。

学者们感到很惊讶，他们在许多国家做过这个实验，但是没有一个成功过，那些孩子无一例外地都争先恐后地把细线拼命往上拉，导致最后一堆小球堵在瓶口。

这就是合作的力量啊！

从前，有一个幸运的人被上帝带着去参观天堂和地狱。他们首先来到地狱，只见一群人，围着一个大锅肉汤，但这些人看起来都营养不良，表现的绝望又饥饿。仔细一看，原来每一个人手里都拿着一只可以够到锅子的汤匙，但汤匙的柄比他们的手臂长，所以没法把东西送进嘴里。这让他们看起来都非常痛苦。

紧接着，上帝带他进入另一个地方。这个地方和先前的地方完全一样：一锅汤、一群人、一样的长柄汤匙。但每个人都很快乐，吃得也很愉快。上帝告诉他，这就是天堂。

这位参观者很迷惑：为什么情况相同的两个地方，结果却大不相同？最后，经过仔细观察，他终于看到了答案：原来，在地狱里的每个人都想着自己舀肉汤；而在天堂里的每一个人都在用汤匙喂对面的另一个人。结果，在地狱里的人都挨饿而且痛苦，而在天堂的人却吃得很好。

真诚与相互了解，是合作的良好开端

不管是从历史的角度来看，还是从人际交往的角度，管理者都应该以一颗真诚的心来对待下属和同事，将心比心地多替下属想一想，多进行“换位思考”，站在下属的立场多想一想。事实正是如此，唯有真诚，才能进行有效的沟通；唯有真诚，合作关系才可能持久；唯有真诚，企业才会有真正意义上的团结和凝聚力。相反，一切的欺骗和谎言则最终都会被揭穿，并被这个世界无情地抛弃。

“小型企业靠人治，中型企业靠制度管理，大型企业靠文化管理。”这句话被很多的企业都奉为“经典”，用来鼓吹“企业文化”的重要性。然而，实际上只有健康的企业文化才能长久支撑一个大型企业。并且，所有的健康文化都必须以“真诚”为基础，决策者或管理者缺乏“真诚”的企业，文化一定会深受其害，形成一种病态文化，而病态文化一定是支撑不起“大企业”的。也就是说，“真诚”与否是影响企业能否做大做强的一个重要因素。

有这样一个故事。韩国某大型公司的一个清洁工，他本来是一个最被人忽视、最被人看不起的角色，但就是这样的一个人，却在一天晚上公司保险箱被窃的时候，与小偷进行了殊死搏斗。事后，有人为他请功并问他当时的动机时，他给出的答案却出人意料。他说：每次当公司的总经理从他身旁经过的时候，总会真诚地赞美他“你扫的地真干净”。就这么一句简单的真诚赞美，就使这个员工受到了感动，并以实际行动回报。

美国著名女企业家玛丽·凯经理曾说过：“世界上有两样东

西比金钱和性更为人们所需要——认可与赞美。”能真诚赞美下属的领导，更能使员工们的心灵需求得到满足，并能激发他们潜在的才能。打动人最好的方式就是真诚的欣赏和善意的赞许。

由此来看，良好真诚的关系会产生亲切感，有了这份亲切感，人与人之间相互的吸引力就大，领导的魅力也就会大，如果领导与下属之间关系比较紧张，那么就会造成双方心理距离，从而产生排斥力和对抗力。

如果你是一个真诚对待生活的人，也同样真诚地对待你的同事，那么，你也会获得对方的真诚。

乐意合作产生支持的力量

我们俗话常常说：“一个和尚挑水喝，两个和尚抬水喝，三个和尚没水喝。”“一只蚂蚁来搬米，搬来搬去搬不起，两只蚂蚁来搬米，身体晃来又晃去，三只蚂蚁来搬米，轻轻抬着进洞里。”“三个和尚”是一个团体，他们没有水喝是因为互相推诿、不讲协作；“三只蚂蚁来搬米”之所以能够“轻轻抬着进洞里”，正是因为有了团结协作的结果。有一句歌词唱得好：“团结就是力量。”团队合作的力量是无穷尽的，一旦这股力量被开发出来，这个团队将会创造出不可思议的奇迹。

知识经济时代，各种知识、技术都不断地推陈出新，竞争也是日趋紧张与激烈，社会对人们的需求也越来越多样化，使人们在工作和学习中所面临的情况和环境也更加地复杂化。在这样的状况下，很多事情单靠个人的能力已很难去完全处理各种错综复杂的问题并采取一些切实高效的行动了。所有这些都需要人们组成团体或者集体，并要求组织成员之间进一步的相互依赖、相互关联、共同合作，建立合作团队来解决错综复杂的问题，并进行必要的行动协调，开发团队或者集体的应变能力和持续的创新能力，依靠团队合作的力量来创造奇迹。

既然团队或者集体的合作精神有那么大的力量，那么，接下来我们就要了解一下什么是团队合作了。团队不仅要强调个人的工作成果，更要强调的是团队的整体业绩。团队所依赖的不仅仅是集体讨论和决策以及信息共享和标准的强化，它强调通过成员的共同贡献，能够得到实实在在的集体成果，这个集体成果一定是超过成员个人业绩的总和的，也就是说，团队大于各部分之和。团队的核心应该是共同奉献，这种共同奉献需要一个成员能够为之信服的目标；只有切实可行而又具有挑战意义的目标，才能激发团队的工作动力和奉献精神，为工作注入无穷无尽的能量。所以团队合作是一种为达到既定目标所显现出来的自愿合作和协同努力的精神。它可以调动团队成员的所有资源和才智，并且会自动地驱除所有不和谐和不公正现象，同时会给予那些诚心、大公无私的奉献者适当的回报。如果团队合作是出于自觉自愿时，它必将会产生一股强大而且持久的力量。

团队合作往往能激发出团体不可思议的潜力，集体协作干出的成果往往能超过成员个人业绩的总和。正所谓“同心山成玉，协力土变金”。红军长征胜利是中国革命史上，乃至于世界军事史上的一个奇迹。创造这个奇迹的红军战士和整支红军队伍就是有一个为所有贫苦人民打天下的共同目标；而且他们都不畏艰险，相互帮助、共同合作，充分地发挥了团队合作的力量。他们是一个优秀的团队，在共同协作下走出了困境的同时，还为中国革命的胜利打下了一个良好的基础。所以成功需要克难攻坚的精神，更需要团结协作的那种合力。一个团队或者集体，如果组织涣散、人心浮动、人人自行其是甚至于搞“窝里斗”，又何来的生机与活力呢？更何谈干事创业呢？并且，在一个缺乏凝聚力的环境里，个人就是再有雄心壮志，再有聪明才智，也不可能得到充分的发挥。只有懂得团结协作去克服重重困难，才能够创造奇迹。

下面我们再来看这样的例子：狼都是群族，攻击的目标既定以后，群狼就会群起而攻之。头狼号令之前，群狼就会各就其位、各司其职，嚎声起伏着互为呼应，可以说是配合默契，有序而不乱。当头狼昂首一呼的时候，主攻者奋勇向前，佯攻者则避实就虚而后动，后备者厉声而嚎以壮其威。我们都感觉狼可怕，其实，独狼并不强大，但当狼以集体的力量出现在攻击目标之前的时候，却会表现出强大的攻击力。在狼成功实现捕猎的过程中，有众多的因素，这其中，严密有序的集体组织和高效力的团队协作可以说是其中最明显和最重要的因素，由此可见团队合作精神的重要性。

其实团队精神的重要性，在于个人、团体力量的一种综合体现，比如小溪只能泛起破碎的浪花，而海纳百川才能激发出惊涛骇浪。同样的道理，个人与团队的关系就如同小溪与大海。所以，处于团队中的每个人都应将自己融入集体中，才能更充分地发挥个人的作用。团队精神的核心就是协同合作。总之，团队精神对任何一个组织来讲都是不可缺少的精髓。否则就如同一盘散沙；一根筷子容易断，十根筷子折不断，这就是团队精神重要性和力量的一种直观表现，这也是我们所理解的团队精神，更是团队精神重要之所在。

合作要从领导者开始

要实现真正的合作，作为领导者，首先要尊重下属，获得他们的拥护和爱戴；同样，尊重他们，你会赢得更多的下属。

很多的时候，我们总是埋怨身边没有人才，找不到人才，或者总是叹息人才的流失，这是什么原因造成的呢？是否我们自身存在着某种缺陷呢？因此，只有加强自身的修养，提高吸收人才的素质，创建使他们满意的工作环境，才能使身边人才济济。而要做到这一点，管理者首先要从“尊重”开始。

“尊重”是一种很高的修养，是一个人自身由里而外透射的一种人格，而这种人格是需要修炼积累的，这也可以看作是衡量一个成功人士的标准。

一个成功的人一定是有修养的人，是值得别人交往和追随的人。“尊重”给企业带来的好处是多方面的：员工消极对待工作，寻找借口不工作，其实并非全部因为其他过多的原因，很重要一点是所处的工作氛围，特别是对于高素质人才，更需要创造一种相互理解、轻松和谐的气氛，而管理者就是这种气氛的缔造者。只有这样，下属才会在你的领导下进行分工与合作，你才会带领出一支优秀的团队。

大家都希望能够学到更多管理人的技巧，其实这并不是最重要的，这会使员工感到你过于有手段。从实质上来看，管理者的人格魅力较之他的管理技能更为重要，这里更多涉及的是观念认识上的一些问题。具备一个正确并客观的待人方式，才能以正确的心态应对企业所面临的各项挑战。尊重人才也是塑造管理者人格魅力的有效手段，具体来说，要从以下的几个方面做起：

一是，下属是你的合作者。

企业是由大家组合而成的，企业的所有者、管理者与员工，大家应该是平等的，在工作上只是扮演的角色不同而已，离开谁都难以成大事，因此，下属是上司的工作伙伴，应以“同事”来称呼他们，这不仅仅是称谓的问题，更重要的是尊重的问题。

二是，要随时肯定下属的成绩。

下属在工作中，偶尔会出一些小问题，如果采取严厉责备的态度，就会造成双方的对立，下属从心理上受了委屈，对立的情绪很难消除，在今后的工作中心理上就有了排斥情绪。对下属没有了起码的尊重，你和他们的关系就只有命令和无奈地接受，充满火药味的工作关系迟早会爆发危机。

三是，要给下属自己的时间。

到在许多的公司里，大家下班后都不愿很快离开，有些人即使下班后没有事做也要在办公室里多留一会儿。我认为当自己一天的工作没有完成是应该留下来做完，但没有事情也留在办公室里，表现出一种以公司为家的样子，是和上司的喜好有关。

不要一味地要求员工有着同等的工作热情，上司总是希望员工们加班或者希望员工晚上带工作回家做，或者还希望员工可以为了工作牺牲家庭，甚至希望员工能将工作视为生命的重心，因为上司们就能做到的，身为管理者当然要以身作则，树立典范，但是不能要求员工们都能做到你所“示范”的每一项事务。

大部分员工都希望享受工作，有高度的工作效率及贡献，能力受到肯定，得到应得的薪水；而下班之后他们也可以暂时忘掉工作，享受家庭的温馨，与三五好友聊天，参与某些活动，他们不希望一天二十四小时都挂念着工作。上司应该尊重员工这个人性的需求，在下班后要求员工们工作上的事项应该尽可能地避免。员工自然不会找借口来拖延时间，也同样在你为他们创造的宽松的环境中尽快完成工作，这样，更能提高效率。

四是，要尊重和包含差异。

在我们的工作场所，总是充满形形色色的人，即有各种背景的人、有各种性格的人、有不同生活经验的人，我们要尊重个别的差异和不同并要找出共同点。一个好的企业文化是能包含不同个性，塑造共同价值观的。人人生而不同，但对我们工作都会有独特的贡献，切不可只用一种人，用一种方法来做事，身为管理者的你要学习用不同的方式管理不同的人。要承认人的最大特点是人与人之间存在差异，克服自己的偏见，这样才能使团队更和谐，也更具效率。

五是，尊重下属的不同意见。

上司不愿意听取下属的意见，大致原因是认为下属能力不足，意见不具备参考价值，这实际上是个误区。下属能力较你弱或许是事实，但并非他们的每个意见都不高明，有些意见可能对方案有补充作用，或者可以通过这些意见本身了解下属在执行中会有什么样的心态以及要求。

总之，无论从哪个角度来讲，做领导的都有必要认真地倾听不同意见，因为一个人考虑问题不可能会十全十美，况且，就怎样做成一件事来说也很少有标准答案，我们要的是结果，如果大家齐心协力共同完成一个任务，这不是很开心的一件事吗？

六是，要尊重下属的选择。

员工们有选择工作的自由，不可将员工的辞职视为他背叛了你，这样会使你在今后的工作中对你的下属产生不信任的态度。员工辞职其实是一件非常可以理解的事情，也许是你的企业的目标和员工个人的发展目标有差距，也许是员工个人价值趋向的改变，你都不能过多地去强求他们和戴上有色眼镜。员工选择了来公司工作，那么帮助他们个人成长就是单位应尽的义务；不可把员工的成长当成我们给予他们机会的某种结果，并要求员工不断地给予回报，这会让你在人格上不尊重他们，认为他们应该为你工作，或者他们应该全部听从于你。一个团队真正需要的是接受员工的选择，对员工的离职完全可以做到“人走茶不凉”。

一个企业能走多远取决于管理者的素质到了何种水平，下属得到了更多的空间和尊重，就会踏实工作，不会找借口和理由逃脱工作和责任。在企业管理中，我们要本着爱心去经营企业，以积极的心态、平等的态度、关爱的语言与员工交流，创造优良的企业氛围，而这些要求我们必须学会对人才“尊重、尊重、再尊重”。

与领导的沟通艺术

在我们日常的工作当中，上司是经常不断地向下属下达命令和要求的，下属则是要一味地遵从上司的指示做事。如果下属不买上司的账，那工作就无法进行了。其实，大多时候，上司下达命令，并不是因为他们喜欢命令或者他们就一定喜欢支配别人，而是为了工作上的需要。合理的说法应该是这样的，上司没有下达命令的话，下属就无法顺利进行工作了。

其实常常还会遇到这样一种情况：上司叫你干一件事，你马上应承下来，即使这件事不该你做，或超过了你的负荷。也许是慑于上司的压力，也许是出于其他的某种考虑，你往往不会去拒绝，但这却给你造成了很多的麻烦。

话虽如此，但命令就是命令，指示就是指示。如果下命令的人是很个人主义的人，会认为下属就应该服从命令，但如果是一个个性比较敏感的人，在不断命令某人以后，他便会觉得“不好意思”，心里会感到不忍心。这样的人会认为自己虽然在工作场所上不断下命令，但实际上却不是一个喜欢下命令的人，是一个亲切、体贴的人，而且他还会想到有机会的话，一定要显示出自己真正的样子。

在工作中，我们要学会适当地拒绝。当上司把大量工作交给你，使你不胜其烦，甚至超负荷的时候，你可以请求上司帮你来定出先后的次序。比如，你可以去请示：“我有三个大型计划，五个小项目，我应该先处理哪一个呢？”如果上司懂得体会你的认真和谨慎，他自然会把一些细枝末节的工作交给别人去处理。

当上司器重你并准备晋升你的时候，但那个职务并不是你想从事的工作时，你可以表示要先考虑几天，然后慢慢去解释你为什么不适合这份工作，再给他一个两全其美的解决方法，比如可以这样说："我很感激您对我的器重，但我正全心全意发展营销工作，我想为公司付出我的最佳潜能和技巧，集中建立顾客网络。"如果你能正面地说出你的难处，可以让领导知道你是一个有团队精神的人。

当你因为个人的原因，未能应付额外的工作时，可以告诉上司你的实际情况，然后保证会尽力把正常的工作事务处理得更好，但超额的工作不能应付了。

上班的时候，要全力以赴，表现出最高的工作效率，假如你在家庭出现危机的时候仍然能不错地完成工作，上司会觉得你很敬业，仍然会把你收在旗下的。

当上司定下"疯狂"的工作期限时，你只需要解说这项工作内容的繁重，并举例同样的工作量将需要上司规定的限期的多少倍，给上司一定的考虑和决断的时间以后，再要求延期。假如限期真的改不了，那就可以向上司请求聘请临时员工。上司可能会欣赏你的坦率，认为你既是对完成工作有实际的考虑，又对工作有一种积极的态度。不少上司都表示会晋升那些可以准确估计完成工作时间的员工。当然倒霉的时候也有，那就是被看作低效率，不过这样的老板早晚也会让你失望的，因为他自己心中也常常没个准数。

所以，我们说，上司和下属之间的微妙关系是要仔细地去体会的，人性本善，我们都要善待对方，才能在工作中得到平等的共识。

合作的奇迹

我们都知道，大雁有一种合作的本能，它们在飞行的时候都是呈V字形，并且在飞行的中途，它们会定期地变换领导者，因为为首的大雁在前面开路，能帮助它两边的大雁形成局部的真空。经科学家们研究发现，大雁以这种形式来飞行，要比单独飞行多出12%的距离。

我们说，合作可以产生“1+1＞2”的倍增效果。据统计，诺贝尔获奖项目当中，因为协作获奖的占三分之二以上。在诺贝尔奖设立的前二十几年中，合作奖约占41%，而现在则跃居为80%。

分工合作正成为企业工作方式的潮流被更多的管理者所提倡，如果我们能把容易的事情变得简单，把简单的事情也变得很容易，我们做事的效率就会加倍增长了。可以这样说：合作，就是简单化、专业化、标准化的一个关键因素，当今世界正逐步向简单化、专业化、标准化的趋势发展，于是合作的方式就理所当然地成为这个时代的产物。一个由相互联系、相互制约的若干部分组成的整体，在经过优化设计以后，整体功能会大于部分之和，从而产生“1＋1＞2”的倍增效果。

有一次，天鹅、狗鱼和虾，一起想拉动一辆装东西的货车，三个家伙套上车索，拼命用力拉，可车子还是拉不动。事实上，车上装的东西并不算重，只是天鹅拼命地向云里冲，虾却是一直要向后倒拖，狗鱼直向水里拉动。究竟谁错了？哪个对呢？用不着我们多说了，只是车子还一直停留在老地方。

这故事告诉我们，员工之间不协调，工作就很难施展开，反而会把事情弄得更糟，从而会引起痛苦与烦恼。领导者的智慧所在，就是能妥善地分配员工之间的工作，并能协调他们之间的合作。无论一个公司的金钱、机器和材料的总和有多么强大，如果没一支愿意进行思考和头脑清醒的人来组成队伍可以使用的话，他们只不过是一堆不会产生成果的僵死物质。

生活在海边的人常常会看到这样一种有趣的现象：

几只螃蟹从海里游到岸边，其中一只也许是想到岸上体验一下水族以外世界中的生活滋味，只见它努力地往堤岸上爬，可无论它怎样执着和坚毅，却始终爬不到岸上去。这倒不是因为这只螃蟹不会选择路线，也不是因为它动作笨拙，而是它的同伴们不容许它爬上去。每当那只企图爬离水面的螃蟹，就要爬上堤岸的时候，别的螃蟹就会争相拖住它的后腿，把它重新拖回到海里。人们也偶尔会看到一些爬上岸的海螃蟹，但不用说，那一定是单独行动才上来的。

在南美洲的草原上，有一种动物却演绎出迥然不同的故事：

酷热的天气，山坡上的草丛突然起火，无数蚂蚁被熊熊大火逼得慌忙后退，火的包围圈越来越小，渐渐地蚂蚁似乎无路可走。然而，就在这时出人意料的事发生了：蚂蚁们迅速聚拢起来，紧紧地抱成一团，很快就滚成一个黑乎乎的大蚁球，蚁球滚动着冲向火海。尽管蚁球很快就被烧成了火球，在噼噼啪啪的响声中，一些居于火球外围的蚂蚁被烧死了，但更多的蚂蚁却绝处逢生。

这两则关于动物之间团队合作的故事可以说是相映成趣，说明这样一个道理：如果相互掣肘，那么容易的事也难为；如果携手一起的话，那么难事也可以成功。螃蟹的“拖后腿”，多么像我们人类中某些人的做法，由嫉妒心和一己之私作祟，他们惧怕竞争，甚至憎恨竞争，一旦看到别人比自己强的时候，就会拆台阶、下绊子，或者千方百计竭尽倾轧之能事。

这些人的宗旨其实也不外乎是一条：我不行，你也别想行；我得不到的，你也别想要得到。于是，在这样的情况下，有多少发明创造的才智，在无声中被内耗掉了；有多少的贤能人才，就这样被埋没在默默无闻的境地中了；有多少的“千里马”就这样病死于马槽枥之间了。蚂蚁的“抱成团”却与这些现象都大相径庭，这一抱，可以说是对命运的一种抗争，力量的凝聚，可以说是团结协作的一种手段，更是为了共渡难关，获求新生所做出的必要的努力。如果没有这样的一抱，蚂蚁们必将全部葬身于火海；由此我们看到了，是精诚团结的精神使它们的群体得到了延续。

上述螃蟹的“拖后腿”，足以令某些人顾镜自照而感到汗颜；而蚂蚁的“抱成团”则抱出了非常值得我们人类学习、效法的伟大和美丽。人们如果能常将螃蟹的“拖后腿”与蚂蚁的“抱成团”所造成的后果对照起来好好地思考一番，想过以后，我们该怎样见贤思齐或者说是择善而从，也就不言自明了。

有的学者做了这样的一个实验：把六只猴子分别关在三间空房里，每间房子里关两只，在房子里分别放着一定数量的食物，但是放的位置和高度却都不一样。第一间房子的食物就放在地上，第二间房子的食物分别从易到难的悬挂在不同高度的一些位置上，第三间房子的食物则悬挂在房顶。数日之后，他们发现第一间房子的猴子一死一伤，伤的缺了耳朵断了腿，奄奄一息；第三间房子的猴子都死了；只有第二间房子的猴子还活得好好的。

究其原因，第一间房子中的两只猴子一进到房间就看到了地上的食物，于是，为了争夺唾手可得的食物，它们大动干戈，结果是伤的伤，死的死。第三间房子的猴子呢，虽做了不少的努力，但是因为食物放得太高，难度也太大，它们都够不着，被活活饿死了。只有第二间房子的两只猴子先是各自凭着自己的本能跳跃去取食，最后，随着悬挂食物高度的增加，难度不断地增大，两只猴子只有协作才能取得食物，于是，一只猴子托起另一只猴子跳起取食。这样，每天它们都能取得够吃的食物，很好地活了下来。这个实验做的虽是猴子取食的，但在一定程度上也说明了人才与岗位的关系。

也就是说，岗位难度过低的话，人人都能干，体现不出能力与水平，也选拔不出人才，反倒成了内耗式的位置争斗甚至残杀，其结果无异于实验中第一间房子里的两只猴子；岗位的难度太大了，虽然努力却还是力不能及，甚至于埋没和抹杀了人才，这有如第三间房子里的两只猴子的命运；岗位的难度适当，事情发展也循序渐进，这又如同第二间房子的食物，这样，才能真正体现出能力与水平，从而发挥出人的能动性和智慧，同时，相互之间的依存关系使得人才之间能够相互协作，共渡难关。

第六章　人际间的和谐可以受用一生

社会呼吁和谐，其中最重要的就是人际间的和谐。一份和谐的人际关系能让人在生活工作中如鱼得水，把事业做得风生水起，与身边的人和谐相处也可以为自己赢得信任、收获温情。想要让大家尊重你，你也一定要学会去用真诚的心去尊重别人。当你能照顾到别人的感受的时候，其实就为自己种下了一份好的人脉。

彼此信任是良好人际关系的基础

大家平日里很注重身边的人是否信任自己。其实，很多的时候，信任是相互的，更是建立在一种开朗豁达的情感之上的。看了下面的故事，相信大家应该会理解信任这个词语了吧。

在往返办公室的路上，她常常会经过一块油漆简陋的指示牌，黄底上漆了粗大的红字，简单写着“桃子——任摘——一公里半”。有一天，她和丈夫一起开车出去的时候，终于忍不住说要去里边找找看。

一路驶去，不到半公里，又碰到另一块黄色的“桃子”指示牌，有个红箭头指向右边。

“没有一公里半嘛。”她说完才注意到原来有一条小泥路从大路上岔开了。车驶上了小路，又看见小一些的指示牌，只有红箭头，指示她们到田里去。

车子一路开去，首先看见的是篱笆上歇了一只红尾鹰。走近了，鹰掠过他们头顶，发出尖锐刺耳的声音，飞走了。

“这只鸟一定是望风的。”她打趣说。

他们来到田的另一边，这才发现另一个红箭头，指示他们顺着乡下人叫作“猪尾巴”的小径开到树林深处。小径上每过一个转弯，或者似乎前无去路处，总有另一个指示箭头。

整整走过一公里半的距离后，有一条黄狗在欢迎他们，就好像一直在那里等着似的。他们在树荫下把车停好，旁边有一辆小拖车，还有两条狗和几只猫，桃树一望无际。屋里似乎没人。

附近有一张木头桌子，上面放了好些篮子和一张招贴，上面画了果园地图，还写着：“各位朋友，欢迎光临，桃子五块钱一篮。钱请放在下面的狭槽里。摘多摘少不拘。”

“我们怎么知道打哪里下手呢？”她丈夫问。

“嗯，”她高声说，眼望着狗，“你们这几个家伙要摘桃子吗?”

狗听了就叫起来了，跳来跳去，然后冲到前面领路。这里的例行手续显然就是这样了。

他们跟着狗走到树林里去，树上长满成熟了的桃子。她走到一棵树前面，丈夫到另一棵树旁边，两个人后面都跟着一条狗。篮子装满了，他们往回走，那两位新朋友帮他们领路。

他们把篮子放在木头桌上，取出皮夹子准备付钱。一只大得让人从来没见过的虎猫在放钱的狭槽一旁睡着。

“你说猫会点数目吗?”她问。

“照今天我们看到的情形，”丈夫回答说，“猫恐怕还会找钱呢。”

伸手拍拍那几条狗，跟它们道了别。这时候，又有辆汽车开到，司机问他们：“你们住在这里吗?”

“不，可是它们会指点你们怎么做。”她笑着回答，头向狗猫那边点点。

那司机细读了招贴上的指示，随即拎了一只篮子，跟着边叫边跑的狗到果园去了。他们开车慢慢地离去，回头望去——好一个淳朴的乐园。

一个只有路标和一群聪明可爱通人性的动物经营的果园，一定让你很惊讶吧！不必讶异，这只是一位拥有智慧与美德的主人的杰作。由此看来，生活中，大家彼此多一份信任，心与心的缝隙会变小；保留一份淳朴，人生的果园会更殷实。相信能想出这样方式经营果园的人，一定有良好的人际关系，因为他给人以充分的信任。而那些不随意采摘桃子的人，也会赢得好的人缘，因为他们懂得尊重别人对他们的信任。

照顾别人等于照顾自己

我们常说，与人方便自己方便，因为，在生活中，在我们周围的环境中，谁也不会孤立存在的，所以，适当的时候，或者在我们大家力所能及的时候，多照顾身边的人们，其实也是为自己赢得一份尊重与关怀。下面的故事就是一个很好的例子。

费了九牛二虎之力，我们终于搬进了新居。送走了最后一批前来祝贺的朋友以后，我与妻子便重重地躺在沙发上休息。

忽然，门铃响了。这么晚了还有客人吗？我忙起身去开门，门外站着两位非常儒雅的中年男女，看上去是一对夫妻。

在我的疑惑中，那位男子介绍他们是一楼的住户，他姓李，特地上来向我们祝贺乔迁之喜。原来是邻居啊，我赶紧往屋里让。

李先生连忙摆手说：“不麻烦了，不麻烦了，还有一件事情要请你们帮帮忙呢。”我说：“您千万别客气，有什么事情需要我们效劳？”李先生客气地说：“以后出入单元防盗门的时候，您能不能轻一点关门，我老父亲心脏不太好，受不了重响。”说完，他静静地看着我们，眼里流露出一股浓浓的歉意。

我稍沉吟了片刻对他说：“这个当然没问题，只是怕我们有的时候着急了就会顾不上。既然你父亲受不了惊吓，为什么还要住在一楼呢?”

这时候，李太太解释说：“其实我们也不喜欢住在一楼，既潮湿又脏，但是老爷子腿脚也不方便，而且心脏病人还要有适度的活动。所以，我们为了方便他出入，选择了住在一楼。”听完以后，我心里顿时生出一阵感动，便痛快地答应了以后会尽量小心。李先生两口子千恩万谢，弄得我们还挺不好意思的。

在接下来的日子里，我发现我们的单元门与别的单元门的确是不太一样，大伙儿开关铁质防盗门的时候，都是轻手轻脚的，绝没有其他单元时不时的那种“咣当”一声巨响，一问才明白，原来都是拜李先生所托。

时间过得很快，转眼间一年就过去了。有一天晚上，李先生夫妻又摁响了我们家的门铃，一见到我们，他们二话没说，先给我和妻子深深地鞠了一个躬，半晌，头也没抬起来。我急忙扶起来询问怎么回事。李先生的眼睛红肿，原来在前一天晚上，李老爷子在医院病故了。前些时候，他对儿子交代过，非常感谢大家这些年对自己的照顾，麻烦各位了，他临终的时候，要儿子见到年纪大的邻居给叩个头，年纪轻的，给鞠一躬，以表示自己对大家的感激。我用眼睛偷偷一扫，果然在李先生笔挺的裤子的膝盖处有两块灰迹，想必是叩头叩的。

送走了李先生夫妻，我不禁感慨："轻一点关门其实只是举手之劳，居然换来了别人如此大的感激，真是想不到也担不起啊。"

其实生活就是这样，当你在为别人行善的时候，也是在为自己储蓄幸福。

诺贝尔和平奖获得者特蕾莎修女曾经说过："除了贫穷和饥饿，世界上最大的问题是孤独和冷漠……孤独也是一种饥饿，是期待温暖爱心的饥饿。"因此，帮助他人便是帮助自己。在春天里不要忘记播下温情的种子，在夏天烈日难耐的时候留给别人充足的水源，那么，到了秋天，我们才会收获别人的回报和感激。

一位学生讲过一位母亲的故事，从这个故事中，我们会发现鼓励和欣赏是何等重要的一件事，或许更多的时候我们却往往忽略了。其实这小小忽视却极有可能改变一个人的一生……有时候善意的谎言并不是错误。

妈妈第一次参加家长会时，幼儿园的老师说："你的儿子有多动症，在板凳上连3分钟都坐不了，你最好带他去医院看一看。照这样，他很难学到什么东西。"

回家的路上妈妈差点流下眼泪，因为她也看到儿子的变化，小小的年纪不爱和小朋友一起玩，估计应该是在学校受到批评和嘲讽的缘故。

然而回家后她还是对儿子说："今天老师表扬你了，说以前宝宝在板凳上坐不了3分钟，现在能坐到5分钟了，全班只有宝宝进步了。”那天晚上，她儿子破天荒吃了两碗米饭，并且没有让她喂。

儿子上小学了。一次家长会上，老师说：“全班50名同学，这次数学考试你儿子排第40名，我们怀疑他智力上有障碍，您最好带他去医院查一查。”

回家的路上，她又流下了眼泪。然而，她却对儿子说：“老师对你充满信心。他说了，你并不是个笨孩子，只要再努力一些应该会超过你的同桌的。”说这话时，她发现儿子黯然的眼神一下子充满了光芒。第二天上学时，他去得比平时都要早。

孩子上初中了，又一次家长会。这次出乎她的意料，直到家长会结束，都没听到老师点她儿子的名字。会后，她去问老师。老师告诉她：“按你儿子现在的成绩，考重点高中有点危险。”她怀着惊喜的心情走出校门。

到家后，她扶着儿子的肩告诉他：“班主任对你非常满意。他说了，只要你努力，很有希望考上重点高中。”

高中毕业了。她有一种预感，相信他能考取一所不错的大学。领取录取通知书那天，当他儿子从学校回来，把一封印有大学招生办公室的特快专递交到她手中后，突然转身跑到自己的房间里大哭起来。边哭边说：“妈妈，我知道我并不是一个聪明的孩子，可是，这个世界上只有你能欣赏我……”妈妈悲喜交加，十几年来凝聚在心中的泪水一颗颗打在她手中的信封上……

在这里，爱就是欣赏的根源，发自肺腑的欣赏是因为内心的爱。欣赏就是看到别人的优点，看到事情的好处。生活中，只有珍惜别人才能够欣赏别人。

欣赏需要我们去接纳对方。从中捕获到别人的优点惊喜和赞赏。一个赞许的眼光、一个会心的微笑、一句鼓励的语言，接纳就产生在不经意之间，发自内心的心领神会。欣赏的形式就是赞美与鼓励。

还有一个故事是这样的：

一年秋天，俄国著名作家屠格涅夫在斯帕斯科耶打猎时，无意在松林中捡到一本皱巴巴的《现代人》杂志。他随手翻了几页，竟被一篇小说所吸引，作者是一个初出茅庐的无名小辈，但屠格涅夫却十分欣赏，钟爱有加。他四处打听作者的住处，最后得知作者两岁丧母，七岁失父，是由姑母一手抚养照顾长大的，屠格涅夫更是给予了极大的同情和关注。

姑母很快就写信告诉自己的侄儿：“你的第一篇小说在瓦列里扬引起了很大的轰动，大名鼎鼎写《猎人笔记》的作家屠格涅夫逢人就称赞你。”“他说这位青年人如果能继续写下去，他的前途一定不可限量！”

这位青年作者收到姑母的信后，惊喜若狂，他本是因为生活的苦闷而信笔涂鸦打发心中的寂寥，并无当作家的妄念。由于名家屠格涅夫的欣赏，竟一下子点燃他心中的火焰，让他找回了自信和人生的价值，于是一发而不可收地写了下去，最终成为具有世界声誉的艺术家和思想家，他就是《战争与和平》、《安娜·卡列尼娜》和《复活》的作者列夫·托尔斯泰。

在社会生活中，每一个人都渴望得到别人的欣赏，同样，每一个人也应该学会去欣赏别人。欣赏与被欣赏是一种互动的力量，欣赏者必具有愉悦之心、仁爱之怀、成人之美的善念。因此，学会欣赏，应该是一种做人的美德，更是一种胸襟。当你肯定了别人的时候也是肯定了自己。诚如爱默生所言："人生最美丽的补偿之一，就是人们真诚地帮助了别人之后，同时也帮助了自己。"培根说："欣赏者心中有朝霞、露珠和常年盛开的花朵，漠视者冰结心城、四海枯竭、丛山荒芜。"那就让我们在生活中多一些欣赏吧，欣赏是一种给予、一缕馨香、一种沟通与理解、一种信赖与祝福。人世间人人彼此欣赏，世界就会充满温暖。

人大概都是这样，承认别人好并不比承认自己差更容易。若要他承认别人的长处已经是有些不快的了；若承认了别人的长处后还要再承认那些长处是自己所缺乏的，简直就是有点痛苦了；最后若还要学习他的长处，更是简直一肚子气。

其实做人，要容得人才可以容得自己。嫉妒人时，必定是你自己渺小了，就是容不得自己了。若肯欣赏别人的好处，等于开放了自己的眼界。事实上容人是不会损已的。

十九世纪末，美国西部的密苏里有一个孩子，他经常偷偷地向邻居家的窗户扔石头，还把死兔子装进桶里放到学校的火炉里烧烤，弄得臭气熏天。

在他九岁那年，父亲娶了继母，父亲告诉她要好好注意这孩子。继母好奇地观察这个孩子。当她对孩子有了了解之后对父亲说："你错了，他不仅不坏，而且很聪明，只是他的聪明还没有得到正确的发挥。"

由于继母很欣赏这个孩子，在她的引导下，这孩子的聪明找到了发挥的地方，后来成了美国著名的企业家和思想家。这个人就是戴尔·卡耐基。

台湾作家林清玄有一次去一家饭店用餐。中途老板过来问他是否还记得自己。林清玄看着他说不认识了。

老板拿来一张二十年前的旧报纸，那里有林清玄的一篇文章，那时他在一家报社当记者。这是一篇关于小偷的报道：小偷手法高超，作案上千次，而且次次得手，最后栽在一个反扒高手的手上。在文章中这样感叹道："像心思如此细密、手法如此灵巧的小偷，做任何一件事情都会有成就的吧!"

老板说，他就是那个小偷，是林的这段话让他看到了自信，最后走上了正路的。

由此看来，就连小偷身上也有可欣赏的地方，连小偷也能在欣赏的引导下走上正路，我们周围还有什么人不能被欣赏、不能被引导呢?

学会去欣赏身边人吧，欣赏你的同事，你和同事之间会合作得更加亲密；欣赏你的下属，下属会工作得更加努力；欣赏你的爱人，你们的爱情会更加甜蜜；欣赏你的孩子，说不准他就是下一个卡耐基……

欣赏别人，说明你在与人交往时多了一份真诚和友善。所以我们一定要学会欣赏别人，因为每个人都有值得我们欣赏的优点。当然，学会欣赏别人并不是要取消批评。一个人可以不去爱，也可以不优秀，但永远不可以强化甚至制造别人的绝望，而要做到这一点，就得有一种善于欣赏的眼光与胸怀。而北大人是从来不会用挑剔的眼光看周围的人的。

人际和谐二十八招

无论是认识或不认识的朋友，只要是能提供诤言或是言行足以让我们借鉴的人，我们都不要忘了面露微笑地跟他们说一声谢谢。把这些养成习惯以后，不仅是你的事业前途，连你的人生观都将会被改写：

第1招：认清人生的意义以及人要毕生全力以赴的目标，要明白自己为什么要这么拼命？想要成为一个人际关系高手，第一步就必须先确认你的价值观；如果是你连这个都摸不清楚，就很难去看透人生的意义，更不用说什么成就感了。

第2招：列举出以往自己做的五件重大成就。所谓知彼者，智也；知己者，大智也。

第 3 招：明白自己有哪些专长和资源正是他人所迫切需要的。所谓天生我材必有用，无论你的专长是得自专业训练或是业余的摸索，都可以转化成一股强劲的“人际关系动能”，千万不要妄自菲薄。

第 4 招：告别独行侠的日子。如果你还像学生时代那样科科争第一的话，那告诉你，别傻了，这个世界只有团队成绩，没有个人成绩，因此也没有所谓的“第一名”。告别独行侠的生涯，你的人生将从黑白转为彩色。

第 5 招：要为自己建立自信，自助助人。人人都有改造世界的能力，你自然也不例外。多参加一些活动，帮助别人，也是帮助自己。

第 6 招：一定要拟定短期与长期的奋斗目标，定期予以审视与修改。有人要问了，工作计划簿有用吗？有，至少可以让一个人培养出三分钟的热度。拟定目标不仅可以督促自己，也能让别人得知你有哪些方面的需要。只要你勤于跟别人沟通，那你的朋友自然就会知道你有什么困难，进而借着人际关系这张大网来帮你早日实现自己的梦。

第 7 招：绘出一张人际关系“网络图”，显现出自己在这项资源上的多样化与触角纵深。人际关系网的特色是：每一个成员都是老大。如果你能保有最新版本的人际关系图，就不难得知在眼前这一刻该如何以自己为主角，来善用你的人际关系资源了。

第 8 招：以一种相当专业化的方式来做自我介绍。在很多的场合下，一个人所表现出的外在形象要远比内在真正的本事来得容易和重要。

第 9 招：以简洁得体又别出心裁的方式来做自我介绍。无论是在哪种社交场合，想扩展人际关系的第一课就是要学会自我介绍。要设法出奇制胜。让对方牢牢地记得你，而且是记得正面的形象。

第 10 招：技巧性地打开话匣子。为什么我们经常错过了许多广结人缘的机会？就是因为我们常把那些黄金时段用来绞尽脑汁，却还是挤不出一句合适的开场白。无论是主动或被动打开话匣子都能得心应手。一旦你能达到这个境界，那无论把你丢在任何一个场合中，必都能迅速进入状态，随心所欲地去扩展人缘，为自己在生活与事业中，营造一个又一个绝佳的发展机会。

第 11 招：在必要的时候，就主动再做一次自我介绍。如果有人主动走过来跟你打招呼，那这一定是个大人物。多练习一下“纡尊降贵”，经常不厌其烦地做自我介绍，你的人际关系通道将会愈走愈宽，也愈走愈顺。

第 12 招：看清他们的面目，牢记他们的大名。人们其实不在乎你对他们的底细了解多少，但很在乎你有没有仔细在听。

第 13 招：善于在社交场合做称职的主人。只要地球上还有人类，就不愁没有机会去表达你的善意。

第 14 招：乐于站出来为自己打响知名度。想为自己打知名度并不需要不择手段；相反地，这有助于早日实现你的理念。适度地推荐自己，才能让人得知在什么时候能够向你求助或请教，不致让你英雄无用武之地。

第 15 招：无论与任何一个人打交道，总是待之以礼。即使是人生苦短，用来学礼数也是绰绰有余了。想出奇制胜，翻身做主人，不必舍近求远，先把你的台词练好再说吧。

第 16 招：名片必须是经过精心设计的作品。名片的功用是要让别人能想起世上还有你这号人物。当别人想动用人际关系去搬救兵时，你这张名片就是一份很重要的线索，因此在设计上千万不要草率。

第 17 招：随时随地携带数量充足的名片。要上阵前，先检查自己是否已“全副武装”。

第 18 招：在情况适宜时，才递上名片。当你确信和对方有话可说之后，时机成熟时就应恭谨地奉上名片，相互约定日后联系与合作的方式，在这种稳固基础上所建立起的人际关系才能经得起考验。

第 19 招：在每张所收到的名片上记载日期以及相关事项，以便于日后整理与查核。当别人还不知道你在不在乎他们的时候，自然就不可能去在乎你。

第 20 招：不要吝于表达感激之意。成功人士有个特性，就是常怀感恩之心。以感恩的心来对待所有曾扶持过你的朋友们，主动表达你的由衷感激之意，慢慢地，你会发现不但自己的人际关系愈加牢固，别人也将以你为仿效的对象。

第 21 招：无论认识或不认识，只要是能给予你激励或启发，就应诚挚地向他们言谢。要以称赞来取代嫉妒之心，确实需要很大的勇气。当你因为提出一项绝妙点子而获得他人嘉奖时，内心是什么滋味，将心比心，无论是认识或不认识的朋友，只要是给予自己激励赞美的人，都不要忘了面露微笑地跟他们说声谢谢。把这养成习惯后，不仅是你的事业前途，连你的人生观都将改写了。

第 22 招：适时以打电话、送小卡片，以及送小礼物的方式来向对方表达感激之意。只要肯开口赞美别人，你将会是最大的赢家。要灌溉一株树木需要充足的阳光、水分与养分，而栽培你这棵人际关系常青树则有赖你持续性的关怀，借着打电话与送卡片、礼物等小环节来呵护这株树。可千万别让它因为营养不良而枯死。

第 23 招：要有自己专用的信、卡片与便条纸。用手写的信函比较有亲切感，给人的感受也不一样。想建立自己的金字招牌吗？想树立良好的专业形象吗？做一点小的投资吧，去印一些专用的各式文具纸，这样寄发给客户、同行或朋友的时候，会觉得更体面。

第 24 招：欣然接受他人的道谢与援助。从一个人是否愿意接受他人的道谢的态度，就可以看出其在人际关系上的功力。

第 25 招：建立一套系统的人际关系网，将能更有效地提高你在人际关系上的运作效率。为什么有人是事半功倍，有人却是事倍功半？就是因为做起事来有无章法。

第 26 招：名片上绝无过时的资料。假使你没有时间去每天记载新资料，至少要每周登录一次，这样才能确保资料的正确性与完整性。

第 27 招：设立一套有效的时间管理系统。常言说岁月不饶人，我们不能要求时间暂缓来配合我们的脚步，只能尽量迎头赶上。如果你能控制时间，你就能控制一切。提醒你一点，只要你肯尊重自己所制定的工作表，别人就不敢随便抓你去出公差。一旦时间资源能完全掌握在你的手里，那办起任何事来就都绰绰有余了。

第 28 招：每天都详细检视当天的工作进度表。要如何得知你是离成功之路越来越近，还是在原地打转？最好的方法就是每天都“结账”一次，看看工作进度表的落实程度究竟如何。每天结账一次，你的心理负担就不会这么重，哪怕这是一项工程浩大的计划，你也可以感受到稳健的前进脚步。

人际决定成败

据说，美国著名的福特汽车公司在新泽西的一家分厂，过去曾经因为管理混乱，差点倒闭。后来总公司派去了一位很能干的经理，在他到任后的第三天，就发现了问题的症结：偌大的厂房里，一道道流水线如同一道道屏障隔断了工人们之间的直接交流；机器的轰鸣声、试车线上滚动轴发出的噪声更使人们关于工作的信息交流越发难以实现。由于工厂濒临倒闭，过去的领导一个劲儿地要生产任务，而将大家一同聚餐、厂外共同娱乐的时间压缩到了最底线。所有的这些，使得员工们彼此谈心、交往的机会微乎其微，工厂的凄凉景象很快使他们工作的热情大减，人际关系的冷漠也使员工本来很坏的心情雪上加霜。组织内出现了混乱，人们口角不断，不必要的争议也开始增多，有的人还干脆就破罐破摔，工厂的情势每况愈下，这才到总部去搬救兵了。

这位新任的经理在敏锐地觉察到这一问题的根本之后，果断地决定以后员工们的午餐费由厂里来负担，希望所有的人都能留下来聚餐，共渡难关。在员工们看来，工厂可能到了最后关头，需要大干一番了，所以心甘情愿地努力工作，其实这位经理的真实意图就在于给员工们一个互相沟通了解的机会，以建立信任空间，使组织的人际关系有所改观。

在每天中午大家就餐的时候，这位经理还亲自在食堂的一角架起一个烤肉架，免费为每位员工来烤肉。一番辛苦没有白费，在那段日子里，员工们在餐桌上谈论的话题都是有关组织未来的走向的问题，大家纷纷献计献策，并就工作中的问题主动拿出来讨论，寻求最佳的解决途径。

其实，我们看到了，这位经理的决定是有相当的风险的。他冒着成本增加的危险拯救了企业不良的人际关系，使所有的成员又都回到了一个和谐的氛围中去。尽管机器的噪声还是不止，但已经挡不住人们内心深处的交流。两个月以后，企业的业绩开始回转，五个月以后，企业奇迹般地开始赢利了。这个企业至今还保持着这一个传统，中午的午餐大家欢聚一堂，由经理亲自派送烤肉。

有的人说“成功＝30％的知识＋70％的人脉”，也有的人说“人际关系与人力技能才是真正的第一生产力”。因为人的生命永远不会孤立，我们和所有的东西都会发生关系，而生命中最主要的，也就是这种人际关系了。由此看来，经理人要想成功，就首先应该知道并灵活地处理好人际关系。

一位曾任多家著名大中型企业的高层管理者，又做过多年职业培训师，在他长期的企业管理实践以及经理人培训经历中发现，其实，群体中不乏有很多有能力的经理人，但由于缺乏必备的人际关系，在工作中总是遭遇失败。在这个世界上有能力的人有很多，然而真正能成功的人却太少了，究竟是为什么呢？一个很重要的原因就是他们在人际关系方面有所欠缺。经理人要想成功就必须掌握必备的人际关系能力。

人际关系是人与人之间的信息与情感的传递过程。不论是组织还是个人，都有一种对和谐的人际关系与良好的人力技能环境的需求。进入二十一世纪，人际关系与人力技能的重要性更是不言而喻了。要想成为成功者，就必须重视人际关系能力的提升。根据权威组织学家的统计和分析，80%的人，在工作上失败，不是因为他们的专业技术、能力或工作动机不够，而是因为他们人际关系处理和人力技能上的失败。由此可见，人际关系对一个人的成功，起着非常重要的作用。人际关系，从某种意义上说，更能反映一个人的能力、素质、人格和品德。

谁都会明白处世之难，谁都渴望处世圆满，我们常常会因各种各样的人际关系不和谐而苦恼和惆怅。圆满的人生不仅限于个人的独立，还必须追求人际关系的成功。维系人与人之间的情谊，希望得到别人的认可和肯定，受到他人的尊重和称赞是人的共性。人际关系的和谐，是每个人追求的目标。经理人更应该追求和谐的人际关系环境。

良好的人际关系将会使人在工作中、职业生涯发展中占据主动，能够左右逢源。如果你拥有一个强大的人际关系网的话，那就会比竞争者具有先天的资源优势。无论如何，处理好你的人际关系和培养好你的人力技能都是你在这个社会中立足和发展的资本。

《富爸爸，穷爸爸》的作者罗伯特·清崎曾说过："我富有的父亲说：如果你想做一名成功的生意人，人际关系是你最重要的技巧。他还说：如果你想在生意中成功，你应该不懈地学习和提高自己的人际关系技巧。"因此，人际关系其实是每一个人职业生涯中最为重要的课题之一，良好的人际关系是舒心工作与安心生活的必要条件。对于经理人来讲，人际关系能力就更加重要了。面对日趋激烈的市场竞争和人才竞争，每个人的自我意识都比较强，面对这个社会错综复杂的大环境，更应在人际关系方面调整好自己的坐标。

第七章　批评让人成长得更快

在北大，不论是批评者还是被批评者，都能够以正确的态度看待批评，也能在适当的时候进行自我反思。并且，他们还善于用激励的方式去达到批评的目的。这也是北大人能够不骄不躁地一直在学术与做人的道路上不断取得成绩的重要因素。

用心面对批评

北大人有一个很好的优点：即便是对待批评，无论是批评者还是被批评者，都能够就事论事。批评者不会因为在这个问题上批评了对方，就否定对方的在其他方面的价值；而被批评者也不会因为被别人批评，就对别人怀恨在心，从而不能客观地看待别人的批评。北大人的这种优点是很值得我们借鉴和推广的。接下来，让我们来看看他们到底应该如何看待批评这件事，如何做到坦然而对的。

我们必须弄清楚一个问题：究竟什么是批评，为什么会存在批评？人类组成一种社会群体，但是每一个个体又都有其个性，相互之间会有很多的差异。不仅个体之间有差异，人类所组成的小群体之间也会各有差异。这些差异主要体现在以下几个方面：

第一，体现在社会理念与价值取向上；

第二，由于空间、时间、环境背景的差异而导致的差异；

第三，每个人都有不同的个性、阅历，因而认识问题的深度也各有不同；

第四，每个人后天受到的教育具有很大差异；

第五，在行业、家庭和个人能力方面的差异。

随着人类的活动范围和生活变动，不同的人相互之间就会产生交流和碰撞，具有差异的人们相互接触、交往并组合，在这个过程中，原本就有很多差异的人们相互之间就产生了众多不同的主张、价值、态度、看法和做法。当某人无法接受其他人的主张、价值、态度、看法和做法的时候，或者由于种种原因出现误会的时候，批评和质疑就随之产生了。

所以说，批评实际上是一种态度，一种观念差异，一种认识深度差异，一种张扬个性的主张。批评有很多独特的属性，例如，批评究竟是善意的还是恶意的，这就很难说了。看似善意，实际有可能是恶意；看似恶意，实际也有可能是善意。批评有时激烈，有时也很温和。批评是某个人或者某些人对其他人提出的意见，目的是为了让别人和自己保持一致；批评有时候也可能只是一种策略，不是为了改变别人，只是为了表明自己的态度和立场；批评有时更是一种手段，一种战胜敌人的手段。

无论批评究竟具有怎样的属性，我们面对批评，都是在面对和自己观念相左的人；批评对我们而言，就成为一种挑战；面对批评，也就是在面对人生。所以，善意也好，恶意也罢；委婉也好，直接也罢；和缓温和也好，激烈恶毒也罢……面对批评，我们必须仔细分析、认真思考，做到知己知彼，要对对方的心态与动机有所了解，从而弄清楚对方的真实目的与利益之所在。然后坦然面对和接受，这才是面对批评的正道。至于本能地反对批评，对批评进行手足无措的抵抗、对峙、搪塞、辩解、委曲求全，甚至顾左右而言他、设置“路障”、拦堵封锁……这都不是恰当的方法。

生活中的弱者往往无力面对批评，他们经常会犯一些错误，值得我们从中吸取如下的教训：面对批评时最容易犯的错误就是畏缩。某些人在受到批评的时候，就像被电到了一样，飞一般地后缩，采取拒绝、逃避的态度。这种感觉其实绝大多数人都曾经有过。当他们面对批评的时候，脑子里第一反应多半不是反思自己的过错，而是“大家都这样，凭什么就说我?”“我又没得罪你，何必呢?”“你无情可别怪我无义”诸如此类的反应。一旦有了这样的想法，人们就不可能正确地对待批评，只有消极抵抗。

其实，我们应该想到，一味地逃避并不能阻止批评的产生，因为批评是别人对你的看法和分析，一味地逃避对改变别人对你的看法其实是毫无用处的，只会让人家更坚定自己的看法。而在这个过程中，你既丧失了听取别人忠告的可能，也丧失了别人对你的信任。

我们之所以会这样异常地敏感，主要还是因为人缺乏自信，所以千方百计想躲过批评，这种躲避批评的心态时间长了，就会变成一种恐惧感。这种恐惧感不断扩散，像癌细胞一样，最终会吞噬掉一个人全部的自信，导致陷入恶性循环。

我们笼统地说以后要虚心接受批评是没有用的，要走出心理误区，必须培养一系列的心理习惯。下面的内容很值得我们借鉴：

第一，对于批评，要耐心倾听。

倾听批评的时候，表情要自然大方，认真而且耐心。反驳、辩解的话轻易不要说出口；当然嬉皮笑脸、满不在乎、漫不经心或者假装糊涂都是不可取的态度。我们要知道，在学习、工作和生活中，每个人都难免要接受批评，无论是领导、老师还是同事、同学，他们的批评只要是诚恳而且善意的，都有利于我们改正自己的缺点和毛病，从而提高我们工作和学习的质量。

第二，学会倾听批评之后，我们还要学会接受批评。

我们大多数人平时对待自己的缺点和错误，往往得过且过，觉得很无所谓，这种思维定式很难改变。不过，一旦缺点和错误使我们的生活和学习过程中出现了问题，并因此受到了批评，这就是我们改正它们的好机会。很多人担心接受了批评，从此就会在别人面前抬不起头来，这实在是没有必要的。有勇气改正自己错误的人，永远也不会再犯同样的错误，这有什么可害臊的呢？

第三，批评当然也有错的时候，面对错误的批评，要用智慧的手段去解决。

有些时候，别人对你的批评有道理，但表达方式让人无法接受，这种时候也不妨大度一些，把别人往好处想，把别人的批评往好处理解。如果根本就是一个错误的批评，你也不能态度生硬地拒绝，而是不妨先表示谢意，然后再委婉地做出必要的解释。

北大学子们在这方面还有一些具体方式，在接受批评这个问题上也是很有用处的。

倾听别人对自己的批评的时候，中途打岔是十分不好的，不仅用语言打岔很不礼貌，而且用脸部表情或身体动作表示不满也是很不好的。

对于别人的批评，一定要在心中反复掂量，确定别人批评是否正确，然后找出改变自己行为的方法。

在别人表达批评意见的时候，要尽量帮助对方弄明白批评的“点”究竟在哪里，双方共同为你自己找缺点，找到的缺点一定会更加准确，改正起来也就更有针对性了。这不仅对你自己有好处，也有助于双方消除误会、不留芥蒂。如果你自己找不到解决问题的办法，不妨直接诚恳地向批评者请教，等对方说完再解释。

如果的确是自己做错了事情，那么不要害怕，无须逃避，赶紧道歉，并表示出改正的诚意。不过呢，道歉也不必太多，至多两次，次数太多不仅会令人厌烦，也有损于自己的信心。

最后一点，也是最困难的一点，是接受批评时候的消极情绪，这也是必须克服的问题，需要我们主动自觉地进行训练。被批评会让一个人情绪波动、不冷静，防卫心、好胜心或成见、偏见就会悄悄冒出头来，代替了我们理性的思考，从而使我们无法正确地判断是非。如果出现这种情况，一定要先沉默下来，集中注意力，深呼吸，放松身体；先平静心中的那股“气”，避免口不择言，导致祸从口出或者和别人造成误会、意气之争。其实，能做到这一点，就是传说中的“雅量”。有这样的雅量，面对批评的时候就从容得多、坦然得多了。

人生的事，没有十全十美。马斯洛曾说：“心若改变，你的态度跟着改变；态度改变，你的习惯跟着改变；习惯改变，你的性格跟着改变；性格改变，你的人生跟着改变。在顺境中感恩，在逆境中依旧心存喜乐，认真地活在当下。”

我们在平常的生活和工作中，尤其是在工作中，都会面临上司的批评，面对批评，我们应该有一个正确的态度。

首先，我们必须要有时刻接受批评的心态。

所谓“金无足赤，人无完人”。错误是人生的必修课，所以，要正确地对待批评，把批评作为改进自己、完善自己的大好机会，而不要急于辩解和反驳，要有心悦诚服、真心实意地接受批评的宽容心态。有这样的心态，才会从自身找出原因来认真地反思，及时吸取教训、避免重犯；有这样的心态，即使是面对领导的误解和错批，也会欣然承受，正确地对待批评。

其次，作为下属，要正确理解领导对自己的批评。领导作为企业或者部门的决策者和指挥者，有其特殊的公信力和权威性。面对领导的批评，下属需要保持理性和清醒的头脑，要坦然处之、虚心聆听，在适当的时候予以解释。而且，作为领导者，观人谋事所站的角度会更具有大局观和全局感。一件事单看也许并不能找出太大的错误，但要放在整个大局来看就有可能不妥了。所以作为下属，一定要懂得领导的这种良苦用心，用心去体会领导的批评，有则改之，无则加勉。要把领导的批评作为对自己的一种关心和激励，用加倍的努力去回报领导、回报企业。

最后，是要有感恩的心。花草树木、阳光雨露，让这个世界有了生机和灵气。阳光雨露对于一花一草而言，无疑是一种恩泽了。但是雷雨交加、狂风暴雨对于花草也未必不是一种考验，雷雨过后，海棠依旧，也许更有生命力。批评，也许少了和风细雨的温润，却让一个人的成长有了更多的抗打击能力。管理学有一句经典，“管理是一种严肃的爱”。作为下属，要懂得欣赏和感谢这种严厉的爱，并且要学会感恩。

有了这些良好的心态，最重要的就是要知错就改，将修正后的正确做法落实到行动中去。从哲学的角度说，重要的问题，不在于懂得了世界的规律性，因而能够解释世界，而在于拿了这种客观规律性的认识能动地去改造世界。落实行动远比空喊口号重要，在聆听和接受领导的批评以后，要快速、及时地将批评和压力化为一种动力，从而认真改进，确保今后不犯同样的错误。

批评也是一种艺术

无论是在职场上，还是在生活中，我们总会面对批评，也会有批评他人的时候，在批评别人的时候，要做到这么五个方面：

一是，不能主观臆断，先入为主；

二是，不能粗枝大叶，马马虎虎；

三是，不能居高临下，指手画脚；

四是，不能只讲原则，不讲具体；

五是，不能只有批评，而不近人情。

有名刚入伍的战士，写得一手好字，但就是“不拘小节”。每天早晨起床后，他总是不肯认真地整理内务，检查评比的时候，他经常拖班里的后腿。为此班长屡次批评他，可他总是左耳进右耳出，满不在乎的样子。有一天，指导员见这个新战士在练字，就特意地凑过去说：“你的字写得不错嘛！”新战士扭头一看是指导员，十分得意地把嘴一咧。

指导员看透了他的心思，便不露声色地对他说：汉字是方块字，其中既有美学，又有力学，接着，指导员从古代书圣王羲之、颜真卿、柳公权一直说到当代的郭沫若、沙孟海、舒同。新战士没想到指导员懂得这么多，不由得暗暗佩服。指导员觉得时机已到了，突然话锋一转说：“常言道，字如其人，但遗憾的是，你的字却与你本人不大一样啊。”然后指导员笑了笑，指着他的床铺说，“你看看你的床铺再看看你的字，你的字方方正正、干净利落，可你的被子却窝窝囊囊，内务也是乱七八糟。”指导员接着说道，“一个字中，只要有一笔没写好，就会影响到整个字的结构，结构散了架还谈什么书法。同样，一个人也会影响整个集体呀!”新战士听完这话，脸顿时红了。他不好意思地说：“对不起指导员，我错了，保证今后不再拖连队的后腿了。”这里的指导员的批评可以说是在情理之中却让人能更好地接受。由此看出，我们如果要批评的时候，还是有很多的策略可讲的。

美国总统柯立芝的女秘书处理公文的时候常常会出错。有一天早晨，柯立芝总统看到女秘书穿着一身非常漂亮的衣服，他便对女秘书说：“今天你穿的这身衣服真漂亮，非常适合你这样的年轻漂亮的小组。”女秘书听到总统的夸奖后非常的高兴。柯立芝总统接着又说：“但也不要骄傲啊，我相信你的公文处理也能和你的打扮一样地漂亮。”从此以后，那位女秘书的公文处理工作也做得越来越好了。

总统的批评可以说是可圈可点的。他用的方式恰当，既进行了批评又不会使当事人难堪，如果我们都能像他那样，那我们的生活也不会因为有批评而失去色彩了。

有一天早晨，父亲做了两碗荷包蛋面条，一碗上边有蛋，一碗上边无蛋。端上桌后，父亲问儿子："吃哪一碗？"

"有蛋的那一碗！"儿子指着有蛋的那碗。

"让爸吃那碗有蛋的吧！"父亲说，"孔融七岁能让梨，你十岁啦，该让蛋吧！"

"孔融是孔融，我是我，不让！"

"真不让？"

"真不让！"儿子一口就把蛋给咬了一半。

"不后悔？"

"不后悔！"儿子又一口，把蛋吞了下去。待到儿子吃完以后，父亲开始吃了。没想到的是，儿子看到父亲的碗底藏了两个荷包蛋，儿子傻眼了。

父亲指着碗里的荷包蛋告诫儿子说："记住，想占便宜的人，往往占不到便宜！"

第二天，父亲又做了两碗荷包蛋面。一碗上边有蛋，一碗上边无蛋。端上桌后，又问儿子："吃哪碗？"

"孔融让梨，我让蛋！"儿子狡猾地端起了无蛋的那碗。

"不后悔？"

"不后悔！"儿子说得很坚决。

可是儿子吃到碗见了底，也不见有一个蛋，倒是父亲的碗里，上卧一个下藏一个，儿子又傻了眼了。

父亲指着蛋对儿子说：“记住，想占别人便宜的人，可能要吃亏！”

第三次，父亲又做了两碗荷包蛋面，还一碗有蛋在上边，一碗上边无蛋。

父亲问儿子：“吃哪碗？”

“孔融让梨，儿子让面，爸爸您是大人，您先吃！”儿子诚恳地说。

“那我就不客气啦！”父亲端过上边卧蛋的那碗，儿子发现在自己的碗里面也藏着一个荷包蛋。

父亲最后意味深长地说：“不想占别人便宜的人，生活也不会让他吃亏！”

这是一位有智慧的父亲，他知道，面对正处于逆反期的儿子，一味地说教，他是听不进去的，所以，父亲选择了这样的一种方式，把对儿子的批评以及教育进行得自然又有效果，值得我们大家学习。

不要随意批评别人的行为，除非你知道他为何那么做

很多的时候，我们习惯于去指出别人的错误，可是，有时

候，我们所指的并不一定正确，因为，我们不确定那些如此做事的人真正的出发点与思想。如果想要指出或者给予批评，一定要知道他真实的想法及目的，不能只凭表面现象就对一些人与事妄下结论，除非你真的知道对方的想法与目的。

据说，晏子曾被派去治理东阿，三年以后，齐景公召回他并将他狠狠地责备了一番：“我原以为你能力很强，才放心将东阿交给你治理，没想到你搞得一塌糊涂，现在好多人都来投诉你，看来，我非重重处罚你不可。”

晏子听了后，平静地说：“请大王再给我三年的时间。我会彻底改变方式来治理，到时候如果还不行，我情愿被您处死。”

景公答应了晏子的请求。结果才经过一年时间，便赢得了齐景公的称赞：“你果然没骗我，这一年的政绩真是好极了。”

晏子说：“以前我治理东阿时，禁绝一切的关税贿赂，天然的鱼盐之利都开放给贫民，东阿的百姓没有一个挨饿受冻的，却受到您责备；这一年来，我关税贿赂一概接受，鱼盐之利完全由权贵之家垄断，东阿现在有一半的人民正在挨饿受冻，反而我却得到嘉许。请大王允许我辞去职务，将职位交给比我能干、有办法的那些人去做吧！”

景公一听，赶快向晏子谢罪：“我知道自己错了。请勉为其难再帮我治理东阿吧！往后我绝不会再听信谗言，去干涉您的治理了。”

齐景公仅凭道听途说就责骂晏子，是因为他没有亲自到东阿去体察民情。而晏子以亲身的实践，从正反两个方面对比进言，非常有说服力，取得了很好的效果。由此看来，在不确定事情真相是什么样的时候，是不能乱加批评的，不但是为政者，我们普通人也不例外地要这样，如果只凭道听途说，就去对一个人妄加揣测或者指责，这是对自己对他人的不公平，所以，我们在开口之前，还是要先弄清楚真相如何才好。

宽容比其他手段更有效果

在《百喻经》中读到这样一则小故事：

有一个人总感觉自己心中很不快乐，因为他非常仇恨另外一个人，所以他每天都以嗔怒的心，想尽办法欲置对方于死地。

为了一解心头的愤恨，他就去向巫师请教怎样才能解他的心头之恨，而且说不管是用什么样的方法，即使是使用符咒，只要可以损害那个让他仇恨的人，他愿意不惜一切代价去学会它。

巫师就对他说，有一种咒语是很灵的，想要伤害到什么人，只要念着它就可以伤到他；不过在伤害他人之前，这咒语首先会伤害到自己。巫师并劝他最好不要学了。

尽管巫师一再说明，这个一腔仇恨的人还是十分乐意要学这种咒语。他的意思是，只要能让那个可恶的人受尽折磨，不管自己受到什么样的报应都没有关系，大不了大家同归于尽。

我们都觉得，为了伤害别人而不惜先伤害自己，这是怎样的一种愚蠢。然而在现实生活中，这样的仇恨心理天天都在上演，我们随处可见这种“此恨绵绵无绝期”的自缚心结。仇恨就像债务一样，你恨别人时，就等于在自己的心灵上欠下了一笔债；一个人心里的仇恨越多，在这世上的他就永远不会再有快乐的一天了。

西晋文学家潘岳在《西征赋》中写道：“乾坤以有亲可久，君子以厚德载物。”人生在世，要学会宽容。英国谚语说得很形象：“世上没有不生杂草的花园。”阿拉伯人说得更风趣：“月亮的脸上也是有雀斑的。”说到底还是那句老话：人非圣贤，孰能无过；金无足赤，人无完人。所以，我们不要总是在指责别人的毛病，有的时候，宽容一些，要比你批评或者仇恨更能起到作用。

学会宽容，是做人的需要。历代圣贤都把宽恕容人作为理想人格的重要标准而大加倡导。《尚书》中有“有容，德乃大”之说；《周易》中提出“君子以厚德载物”，荀子主张“君子贤而能容罢，知而能容愚，博而能容浅，粹而能容杂”。

据司马光《资治通鉴》记载，武则天时代的宰相娄师德以仁厚宽恕、恭勤不怠闻名于世，司马光评价他“宽厚清慎，犯而不校”。凤阁侍郎李昭德骂他是乡巴佬，他笑着说：我不当乡巴佬，谁当乡巴佬呢？当时名相狄仁杰也瞧不起娄师德，想把他排挤出朝廷，他也不计较。后来武则天告诉狄仁杰：我之所以了解你，正是娄师德向我推荐的。狄仁杰听了惭愧不已。

学会宽容，是处世的需要。世间并无绝对的好与坏，而且往往是正邪善恶交错，所以我们立身处世有时也要有清浊并容的雅量。眼里揉不得沙子、锱铢必较，为血气之争搞得谁也见不得谁，不仅让人尴尬，还会招致仇怨，实在是不值得。“天地本宽，而鄙者自隘”，《菜根谭》上的这句话可谓警世之言。

所以清代的申居郧说：“胸中要有泾渭，然亦须气量含宏，不可太生拣择。”弘一大师说得更直接：“精明者，不使人无所容。”我们常说的“得饶人处且饶人”，也是这个理儿。事实上，宽容并不代表无能，却恰恰是一个人卓识、心胸和人格力量的体现，即所谓“海纳百川，有容乃大”。

学会宽容，是人们成就事业的需要。三国时那个在政治上颇不得志的曹植，却说出了这么一番富含哲理的话：“天称其高者，以无不覆；地称其广者，以无不载；日月称其明者，以无不照；江海称其大者，以无不容。”一个人要想成就一番事业，就必须有恢宏的气度，自古至今皆然。

据《宋稗类钞》记载，吕蒙正初入朝堂时，有一朝士指着他说：“这小子也来参政的吗？”吕蒙正装着没听见。而与吕蒙正同列的人却几次让吕蒙正追问那个人是谁，吕蒙正不那样做，他说：“如果知道了人家的姓名，怕以后不能忘记，所以还是不问的好。”吕蒙正后来成为北宋的宰相。

清朝金缨说得好："人之心胸，多欲则窄，寡欲则宽。"朱熹在《朱子语类》中又说："心只是放宽平便大，不要先有一私意隔碍便大。"学会宽容，关键是要剔除心中的私欲和杂念，淡泊明志，有所追求；同时要推己及人、以德报怨、与人为善。在此再奉上朱老总《游七星岩》诗句以共勉："腹中天地宽，常有渡人船。"

清朝大学士张廷玉的父亲名叫张英，也曾在朝为官。有一天张英收到了一封家信，信中说家里正在盖房子，为了争三尺宽的宅基地与邻居发生了纠纷。家人的意思是要他用手中的职权来疏通关系，打赢这场官司。

张英看信之后坦然地笑了，然后提笔给家人写了一封回信，并在信中附诗一首：千里修书只为墙，让他三尺又何妨？万里长城今犹在，不见当年秦始皇。

张英的家人在接到信后，明白了张英的意思，于是让出了三尺宅基地。邻居知道后也主动相让，这样一来，两家之间成了六尺宽巷，张英化干戈为玉帛的故事在当地一直流传至今。像张英这样的心怀也是很值得我们学习的。生活中，这样的事情也是常见的，如果就为这样的一些小利争来争去，搞得邻里失和，那岂不是很不划算吗？所以，有些事，还是宽容对待，于人于己都好。

春秋时，齐襄公被杀后，他的两个儿子公子小白与公子纠为了争夺王位而战。鲍叔牙帮助公子小白，管仲帮助公子纠。在一次双方交战中，管仲曾用箭射中了公子小白衣带上的钩子，使小白险遭丧命。后来小白做了齐国国君，即我们熟知的齐桓公。齐桓公执政后，任命鲍叔牙为相国。可鲍叔牙为人心胸宽广，有知人之明，他坚持把管仲推荐给桓公。

他说："只有管仲能担任相国要职，我有五个方面比不上管仲：宽惠安民，让百姓听从君命，我不如他；治理国家，能确保国家的根本权益，我不如他；讲究忠信，团结好百姓，我赶不上他；制作礼仪，使四方都来效法，我不如他；指挥战争，使百姓更加勇敢，我不如他。"

齐桓公也是宽容大度的人，他不记射钩私仇，采纳了鲍叔牙的建议，重用管仲，任命他为相国。管仲担任相国后，协助桓公在经济、内政、军事方面进行改革，数年之间，齐国就转弱为强，成为春秋前期中原经济最发达的强国，齐桓公也成就了"九合诸侯，一匡天下"的霸业。

我们说宽容是人类生活中至高无上的美德。因为宽容包含着人的心灵，因为宽容可以超越一切，因为宽容需要一颗博大的心。因为宽容是人类情感中最重要的一部分，这种情感能融化心头的冰霜。而缺乏宽容，将使个性从伟大堕落成连平凡都不如。

生活需要宽容。在生活中每个人都会有不如意，每个人都会有失败，当你的面前遇到了竭尽全力仍难以逾越的屏障时，请别忘了：宽容是一片宽广而浩瀚的海，包容了一切，也能化解了一切，会带着你跟随着他一起浩浩荡荡向前奔涌。

宽容是一种无声的教育。唯有宽容的人，其信仰才更真实。最难得的是那种不求回报的给予，因为它以爱和宽容为基础，要取得别人的宽容，你首先要宽容别人。尽管我们不求回报，但是美好的品质总会在最后显露它的价值，更让人感动。责人不如帮人，倘若对别人的错处一味挑剔、苛责，只能更加令人反感，而且可能激起逆反心理一错再错。

宽容是一种博大精深的境界和意境，是人的涵养，它是处世的经验，待人的艺术，为人的胸怀；它能包容人世间的喜怒哀乐，使人生跃上新的台阶：与别人为善，就是与自己为善，与别人过不去就是与自己过不去，只有宽容地看待人生和体谅他人时，我们才可以获取一个放松、自在的人生，才能生活在欢乐与友爱之中。失败时多一份宽容，停止对自己的申诉，心中就会少一份懊悔和沮丧，就能在心底扶起一个坚强的我。宽容别人也是宽容自己，保护自己，给别人留一些空间，你自己将得到一片蓝天。一个宽容的人，到处可以契机应缘，和谐圆满，微笑着对待人生。

宽容是一种最高贵的美德，没有人穷困到无机会表达宽容的地步，没有人能比施行宽容的人更强大、更自豪。一个人的心胸有多宽广，他就能赢得多少人，付出宽容，你将收获无穷。

林肯总统对政敌素以宽容著称，后来终于引起一些议员的不满。

议员们都认为不应该试图和那些政敌交朋友，而应该消灭他们。

林肯对此总是微笑着回答说："当他们变成了我的朋友时，难道我不正是在消灭我的敌人吗?"

林肯的话可以说是一语中的啊。生活中多一些宽容，公开的对手或许就是我们潜在的朋友。

三峡工程大江截流成功，是谁对三峡工程的贡献最大？一位著名的水利工程学家是这样回答记者提问的："那些反对三峡工程的人对三峡工程的贡献最大。"

他的意思是说，正是因为反对者的存在，才能让人们保持清醒理智的头脑，做事更周全；也更能激发人们接受挑战的勇气，迸发出生命的潜能。这不是简单的宽容，这宽容磨砺着你意志，磨亮了你生命的锋芒。

"虽然我不同意你的观点，但我有义务捍卫您说话的权利!"这句话很多人都知道，它包含了宽容的民主性内核。

良言一句三冬暖。宽容是冬天皑皑雪山上的暖阳；恶语伤人六月寒。如果你有了宽容之心，炎炎酷暑里就把它当作降温的空调吧。

开始批评之前，最好先略加赞美

一位旅居国外的北大人说，她的邻居是一位非常懂得赞美别人的人。

一次这位肯特太太想要聘用一位女佣，便打电话给那位女佣的前任雇主，询问了一些关于她的情况，得到的评语是贬多于褒。女佣来的那一天，肯特太太说："我打电话请教了你的前任雇主，她说你为人很是老实可靠，而且能煮得一手好菜，只是有一点不足就是理家还比较外行，老是把屋子弄得脏兮兮的。我想她的话并不是完全可信的，我相信你一定会帮我把家里整理得井井有条的。"

事实正像我们想的那样，她们果然相处得很愉快，而且女佣也真的能把家里打扫得干干净净，工作非常勤奋。我们看到，这位太太是明白赞美优于批评的道理的。

其实喜欢别人的赞美是一般人的普遍心理，尤其是对小孩子。你试着向小女孩称赞她长得漂亮可爱，或是她的洋娃娃很好看，看看她的反应如何？

再说成年人吧。大人们看似心智成熟了，其实需要赞美的心理并未消失。所以女孩子们买了新衣服，总要问问同伴好不好看。你要说好看，她便乐了。男人们呢？对于年轻人你说他长得英俊潇洒，他一定会高兴，对中年人说他性格有味道，他也一定乐开怀。

生活中，我们只要能肯定对方的特殊能力，高度地给予评价并适机地提出要求，任何人都会乐于将其优点表现得淋漓尽致。

有这样的一个故事：一个小女孩因为长得又矮又胖而被老师

排除在合唱团之外。

小女孩躲在公园里面伤心地流泪。她想：为什么我不能去唱歌呢？难道我真的唱得很难听吗？想着想着，小女孩就低声唱起来，她唱了一支又一支的歌，直到自己唱累了为止。

“唱得真好听啊。谢谢你了小姑娘，你让我度过了一个非常愉快的下午。”说话的是坐在树下的一个满头白发的老人，他说完后对着小女孩笑一下，然后站起来独自走了。

后来，很多次，小女孩去公园里练习唱歌，这位老人都在而且是每一次都会夸她的歌声越来越好听了。

就这样许多年过去了，小女孩长成了大女孩。而且成了小城有名的歌星。但是她始终忘不了公园靠椅上的那个老人。

有一次，她又一次特意到公园去找老人。但她失望了，那里只有一张小小的孤独的靠椅。后来才知道，老人早已去世了。

一位知情人告诉她，那个老人其实是一个聋人。姑娘惊呆了：那个天天屏声静气听她唱歌并热情赞美她的老人竟是个聋人。

是啊，一次不经意的赞美可以改变一个人一生的命运。人人都渴望被别人赞美，因为这是人的基本心理需求。试想：如果小女孩没有耳聋大爷的赞美，她一直总是处在别人对她外表的评价上，她也许会一直自卑下去，甚至失去生活的勇气。行为专家认为，赞美是认知行为的催化剂，它能刺激大脑皮层兴奋起来，调动人体各系统的积极性，从而激发人体潜能。每个人都喜欢人家的赞美，只是大多数人把这种需求隐藏在内心深处罢了。受赞美意味着自己被别人认同、被接纳、被欣赏，代表自己的一种存在价值。给人真诚的赞美，体现了对人的尊重、期望与信任，增进彼此的了解与友谊是协调人际关系的好办法。所以，我们说，就算是再有缺点的人，也有值得称赞的地方，不吝于给人赞美，更能让人有动力，从而把事情做到更完善。

赞美是嘴角的春风、言语的钻石；它是开启人心的钥匙，能瞬间满足人心最大的渴望。赞美是照在人们心灵上的一道阳光，能促进人更好地成长。在我们身边的环境中，赞美尤为重要。多一些微笑，多一份赞美，肯定能多一些收获，多一份成功……

我们可以这样做：要想改正某人的一些缺点，不妨先反过来先赞美对方的其他优点，让他感觉自己能被认可，他才会乐于迎合你的期望，并进行自我改正。

不论是穷人还是富人，只要他们听到别人赞美自己的某一优点，他一定会全心全力去维护这份美誉，生怕辜负了自己和别人。

赞美不但让别人高兴，也可以让自己获得友谊和帮助，希望你能够培养起这种习惯。所以，在社会上行走，你一定要善于赞美，适度的赞美可以提高和润滑你的人际关系，让你处处受欢迎。

认清自己更为重要

大家可能都有这样的感受：一些人总以为自己什么也做不

了，不相信自己，另外一些人却夸夸其谈，认为自己无所不能。最后，这两类人都一事无成，主要因素是他们都不会正视自己的现实。聪明的北大人都知道，不论做什么事情，都要从自己的实际出发，看清楚自己的现实状态比其他因素更重要。而且，适当对自己有一个合理中肯的评价，也可以让自己更好地发展。

北大朋友的一位留学生朋友说起过关于自己看问题视野的变化。

这位留学生由于小学成绩优秀，考上了县城的中学。他发现自己再不能像在小学时那样稳拿第一名了，于是产生了嫉妒：比自己好的同学原来都有六棱好铅笔，而自己却没有，他觉得老天太不公平了。经过几年的苦读，他居然又成为县中学的第一名了。而他这时又觉得人与人之间还是不平等的：为什么自己没有好钢笔呢？

中学毕业后，他考上了一所较好的大学，可好景不长，他的学习成绩连中等也保不住了。看到城里的同学是好铅笔成堆，好钢笔成把，早上蛋糕牛奶，晚上香茶水果；而再想想自己，早上一个窝头还舍不得吃完，要给晚上留一半。“合理”又从何谈起呢？

五年后，他留学到美国，亲眼看到五光十色的西方世界以后，原来自己内心所有的嫉妒、自卑、怨恨忽然间一扫而光了。后来，他明白了，变化的不是这个世界，而是自己选取的比较标准发生了变化，看到的不再是自己的同学、同事和邻居，而是整个世界。

有的人在蜗牛角上打架，有的人携手在太空漫步。坐井观天的争斗只有一个结果，就是故步自封。当你转换一个视角再看问题时，你有可能发现一个全新的世界。

这个世界上只有一件事是最重要的，那就是自己得瞧得起自己，至于别人怎么样反而是一件很无足轻重的小事。

学习和生活中如此，工作上也一样，只要好好干，是金子总会发光的。可是，当我们面对生活的挫折和不平坦的路程的时候，我们却常常把自身贬低。

有一位青年人原来在公司的营销部当经理。一天他突然接到人事部门的调令，调他去供应部当经理。在公司，供应部的地位哪里比得上营销部呢？他心想如此一调，不就是明摆着上边对自己不满意嘛，看来自己的前途似乎不妙。以前自己从事销售工作，整天往外跑，很合乎他的个性，如今，要他整天侍在办公室里搞物资调动，和那些器材报表打交道，实在是有些受不了。

开始的时候，青年人一直闷闷不乐，心灰意冷。后来他自己忽然想到一个问题：为什么我以前对自己信心十足，当上了供应部经理后就没有信心了呢？他思考再三，突然醒悟过来："这是因为我对自己的期待值无形中随着部门的调动而降低了，我失去了自我上进的动力。"于是，他开始把精力投入到新的工作中，慢慢地，他发现供应部也有自己的用武之地。而且，供应部对整个公司来说，起着举足轻重的作用，只是大家平时把它的作用忽略了而已。于是他又重新找到了"工作的意义"，一改以往消极拖沓的作风，又一次变得充满自信，工作起来如鱼得水，得心应手。

他的积极态度也感染了下属。由于他与下属的出色的工作成绩，供应部获得总公司颁发的两次特别奖金。不久，又一张人事调令，他被提升为公司的副总经理。在这里，我们看到了，这位青年人是一个会合理评价自己的人，也知道自己做反思与自我批评。在工作中，这样的心态对于他自身的发展是只有好处的。

其实在生活中，我们应该保持一种适应环境、改造环境的积极心态，而不要一味地在自己的消极意志中沉寂下去。当然，有些时候我们不可能完全如意地挑选那些又重要又体面的工作，很可能要被动地接受一些工作安排。在这样的时候心里要清楚：不要让自己降低标准去适应工作，而应按自己的才华提升工作标准，不要干削足适履的傻事。

第八章　学习是永远不会过时的事

不论我们是否走出校门，我们终身都离不开的一件事情就是学习。文化知识和社会经验其实都是很重要的，尤其是我们现在处于人才竞争的时代，只有不断充实自己的头脑，才能够发展得更好，更接近成功。不论是在工作还是生活中，时时抱着一份谦虚的心，向身边的人与学习，收获更多的经验。所以，我们要记住，学习是一件永远不会过时的事情。

要有终身学习的理念

北大一位教授曾讲过“江郎才尽”的故事来说明学习的重要性，并警示他的学生要有不停学习的精神。

“江郎才尽”的故事，是讲述南北朝时期，梁朝有个光禄大夫名字叫作江淹的人的故事。

江淹年轻时家境贫寒，好学不倦，诗和文章都写得很好，成为当时负有盛誉的作家，中年为官以后便不再像小时候一样了。

有一天晚上，他梦见一个人对他说：“我的五彩笔在你处多年，请你还给我吧！”江淹听了这话以后，到自己怀中去摸，果然摸到了五彩笔，便还给了那人。从此后，江淹写诗、作文便再也没有优美的句子了。

因而后世便有了“江郎才尽”的成语。

虽然，这只是传说的梦呓而已，但江郎做官以后，脱离群众，脱离生活，不认真学习，恐怕是他在文坛上从此湮没无闻的主要原因。纵观古今中外，人在青年时代所获得的成就往往比壮年老年时期要多得多的大有人在。苏东坡少时文章议论纵横飞动，冠绝一世。而进入中年后，便逐渐委顿了。这些例子，说明人只有学习不停，才会才华不尽。勤学不辍，就不用怕“江郎才尽”。

王国维先生根据自身的经验对古诗词立了有名的“三境界说”。他说：古今之成大事业大学问者，罔不经过三种之境界：“昨夜西风凋碧树，独上高楼，望断天涯路”此第一境也。“衣带渐宽终不悔，为伊消得人憔悴”，此第二境也。“众里寻他千百度，蓦然回首，那人却在灯火阑珊处”，此第三境也。此等语皆非大词人不能道。然据此意解释诸词，恐为晏欧诸公所不许也。

比照这“三种境界”，季羡林先生真可谓有过之无不及。

季羡林先生曾评价自己说，我一生都在教育界和学术界里“混”。这是通俗的说法。用文雅而又不免过于现实的说法，则是“谋生”。这也并不是一条平坦的阳关大道，有“山重水复疑无路”，也有“柳暗花明又一村”。回忆过去六十多年的学术生涯，不能说没有一点经验和教训。迷惑与信心并举，勤奋与机遇同存。把这些东西写了出来，对有志于学的青年们，估计不会没有用处的。这就是“一拍即合”的根本原因。

在谈到一生所学时，季老又说：特点只有一个字，这就是：杂。我认为，对“杂”或者“杂家”应该有一个细致的分析，不能笼统一概而论。从宏观上来看，有两种“杂”：一种是杂中有重点，一种是没有重点，一路杂下去，最终杂不出任何成果来。所谓重点，就是我毕生倾全力以赴、锲而不舍地研究的课题。我在研究这些课题之余，为了换一换脑筋，涉猎一些重点课题以外的领域。间有所获，也写成了文章。我在科学研究方面是一个闲不住的人，我尝试了很多研究领域，成了一名“杂家”。

季老根据他自己与朋友们的统计，最终把自己研究涉猎的内容罗列为十多项。最后还说这只是一个大概的情况。简而言之，在这个发展的社会里，只有不断地学习，人才能够适应潮流，才能够更好地生活。

季羡林先生具有超人的治学禀赋，学识广博，他的学术研究范围就是有力的证明。季老的学识不但广而且还深，可谓边活边学，不言放弃。拿他研究的《浮屠与佛》来说，从1947年用汉、英两种文字发表此文，其中有些问题由于当时条件有限感觉不太满意。直到1989年，历时四十年，不断搜集资料，又写一篇《再谈“浮屠与佛”》，直至解决了那些问题。

季羡林先生这种坚持学习的精神，在他六十年的学习和研究中从未间断过。在其研究吐火罗文的历史过程中，便可见一斑。他将自己在将近六十年中的学习和研究吐火罗文的历史过程，大约划分为三个阶段：

第一阶段：在德国哥廷根的学习阶段；

第二阶段：回国后长达30多年的藕断丝连的阶段；

第三阶段：二十世纪八十年代初接受李遇春先生所托从事在新疆焉耆新发现的《弥勒会见记剧本》的解读和翻译工作的阶段。

单看这一个时段划分，仿佛很简单的一种过程，然而，亲自与先生谈过这方面相关内容的人知道，这个过程中，季老倾心六十年的经历，如果写下来就可以成一本大书。单看时间的跨度就可感受到，季老为学治学的恒心和终身学习的精神。

这位耄耋老人辞世前依然每天坚持读书、看报，不断学习、进步，真可谓是“活到老，学到老”，为我们树立了终身学习的榜样，也为北大的“勤奋”之校风添上了亮丽的一笔。

关于说到学习，梁实秋本人还另有一番见解，他认为：

别以为人到中年，就算完事。譬如登临，人到中年像是攀到了最高峰。回头看看，一串串的小伙子正在“头也不回，汗也不揩”地往上爬。再仔细看看，路上有好多块绊脚石，曾把自己磕碰得鼻青脸肿，有好多处陷阱，使自己做了若干年的井底之蛙。回想从前，自己做过扑灯蛾，惹火焚身；自己做过撞窗户纸的苍蝇，一心想奔光明，结果落在粘苍蝇的胶纸上。这种种景象的观察，只有站在最高峰上才有可能。向前看，前面是下坡路，好走得多。

在网络资讯日益频繁的今天，社会对人的要求越来越高，如果不学习，不及时给自己“升级”，就会被社会竞争淘汰。北大人正是在时代的要求下不断努力，去适应社会的发展，时刻不停地学习来提升自己的能力，才取得那么多的成就。

只有学习才能让人更充实

听北大人讲过一个老故事：

一个农民到学校去求见老师，想送他儿子到学校读书。

老师说：“很好。只是你要交十个第纳尔的学费。”

“什么，十个第纳尔？这么多呀！我可以用它买一头驴了。”

老师回答说："假如你真用这十个第纳尔去买驴，而不让孩子来读书，那你们家就会有两头笨驴了。"

不读书的孩子是一头"笨驴"，这话虽说得有点伤人，但道理上还是站得住脚的，这也是每一个国家为什么下大力气搞教育的原因。

其实，不光孩子要上学读书，已从学校毕业的人也仍然需要继续读书。知识的更新速度日益加剧，不注意时刻学习的人，用不了三五年就会跟不上时代的步伐。

晋朝有一位大玄学家，名字叫郭象，他属闲云野鹤之辈，潜心于研究老庄学说，喜与人谈论玄妙的唯物主义哲理，在市野影响很大，后来有人向朝廷举荐，当朝丞相多次派人来诚心相邀，他推辞不过，就到朝中做了黄门侍郎。

入朝以后，皇上亲自召见他，并经过测试以后，对他赞赏有加。由于他知识丰富，辩才无双，讲起话来切中时弊，入情入理，玄而不空，许多文臣武将都喜欢和他结交，听他讲奇闻逸事、高谈玄论。当时有一位太尉王衍，十分欣赏郭象的口才，经常在别人面前称赞他说："听郭象说话，就好像一条倒悬起来的河流，滔滔不断地往下灌注，永远没有枯竭的时候。"这即是口若悬河这个成语的来源。

苏东坡在供职"翰林学士知制诰"的时候，专为皇上起草诏书。在他任职期间，共起草了约八百道圣旨。他所拟的圣旨，妥帖工巧，简练明确，引经据典，富有例证譬喻。他去世以后，一姓洪人士接替他的职位，问当年侍候苏东坡的老仆，他比苏东坡如何。老仆回答说：“苏东坡写得并不见得比大人美，不过他永远不用查书。”这说明他的所学均已烂熟于胸。

郭象也好，苏东坡也好，之所以受到上上下下的欢迎和赏识，是因为他们有深厚的文化积淀底蕴，渊博的知识修养基础，过人的才华使得他们具有翩翩的君子风度，良好的气质修养。人们喜欢同他们交谈，是因为可以从交谈中获取大量的信息，得到相应的知识实惠，同这样的人谈话，是一种美的享受。

程颐说：“外物之味，久则可厌；读书之味，愈久愈深。”

张竹坡说：“读到喜、怒俱忘，是大乐处。”

苏东坡说：“腹有诗书气自华。”衣着赋予你外在的美；读书才能给你气质的美。拥有了书，生命也就有了寄托。

俄国大文豪托尔斯泰酷爱博览群书。在他的私人藏书室，参观者可以看见十三个书橱，里面珍藏着两万三千多册二十余种语言的书籍。这些藏书为他的创作提供了大量的原始材料。据说，他喜欢把书借给别人看，与他人共享读书的快乐。

我们可以把读书看作是一种美丽的行为。在读书中，天上人间尽收眼底；五湖四海就在脚下；古今中外粲然可观。读书让我们懂得了什么是真、善、美，什么是假、丑、恶；读书让我们丰富了自己、升华了自己、突破了自己、完善了自己。

寒夜孤灯，手捧书卷闻墨香，那感觉如同盛夏里吸吮冰凉的饮料，甜滋滋、凉悠悠。读书的感觉，只有爱读书的人才独有；

读书的快乐，在求知的过程中。读书，让你品味人生的酸甜苦辣，品味生活中的各色景观。

能够读书，自然是件快乐事；能够读上一部好书，那就更是一种幸福了。但是，对于那些蝇营狗苟、急功近利之徒来说，倒也未必如此。所以，这读书的快乐也是因人而异的，就因为幸福只是一种心灵的感受。人的心灵有着不同的境界和模式，所以幸福的程度或者感受也有着相当大的差异。

人是需要读一些书的，尤其是在富了物质穷了精神的时代，许多人在生活中迷失了方向，通过读书可以把自己从物欲名利中拔出来，重新塑造美好的生活观念。古今中外名人在读书中都有极精彩的话语：

唐朝皮日休赞美读书的好处：“惟文有色，艳于西子；惟文有华，秀于百卉。”

英国剧作家莎士比亚谈道：“书籍是全世界的营养品。生活里没有书籍，就好像没有阳光；智慧里没有书籍，就好像鸟儿没有翅膀。”

当代作家贾平凹说得更为精彩：读书“能识天地之大，能晓人生之难，有自知之明，有预料之先，不为苦而悲，不受宠而欢，寂寞时不寂寞，孤单时不孤单，所以绝权欲，弃浮华，潇洒达观，于嚣烦尘世而自尊自强自立不畏不俗不谄。”

有人总结读书有三大快乐。

读书第一快乐是：我们每一个人在现实生活中的提高，都与书籍有着密切的联系。书籍是我们认识现实的桥梁，书籍使我们脱离蒙昧走向文明。通过读书我们可以上知天文下晓地理，可以穿越时间隧道去体验春秋战国时代的连绵战火，观望盛唐的繁荣；读凡尔纳、柯南道尔的科幻小说把我们提前带入缥缈而又精彩的未来世界。

读书第二快乐是：书籍是一面镜子，作者在书中表现的坚毅的品性、开阔的胸襟、积极的志向，让我们通过阅读可以照见自己的缺点。日复一日地阅读下去，我们会被书籍中积极健康的内容潜移默化，逐渐形成全新的道德观念和行为准则。同时，读书是一个读者与作者交流的过程，我们在阅读中进入了作者的心灵世界，在不断汲取的同时还要学会扬弃，这样读书就变成了积极地参与。

读书第三快乐是：书籍并不总是在于我们记住了书中的内容，更重要的是给予我们的启示。一本好书就像一个掘宝人，开采出隐藏在我们心中的宝藏，要是我们能够得到掘宝人的话，大多数人心中都有可供采掘的宝藏。我们在书里常常能发现我们所想和所感受到的，只是我们没有表达出来而已。读书唤醒我们潜在的能力，在书里我们认识了自己。

读书最快乐的境界莫过于进入美感境地，但应该是没有功利目的的时候，并且只读自己喜欢的书。读书而且读对人有积极影响的好书是一生中的幸事，有可能从此你的世界观会有很大的不同。书是作者智慧的结晶，是对人生经过沉思后精心筛滤过的自我陈述，所以经常读书是一种完成思想成熟的捷径。

有人把一生不爱读书的人比作囚徒，他们囚禁在自我和无知的牢笼里，他们会经常地抱怨："生活淡而无味，工作周而复始。"他们一定无法感到快乐，因为他们把自己套在一成不变的生活程序里，更多地关注于利益和得失，不仅对于外界的精彩无知无觉，而且忽视了生活中的点滴快乐，这种损失是非常可怕的。

生活中我们离不开阳光空气，同样，离开书本的日子也会是最乏味的，与书相伴的人生才最有意义。懂得生活的人就会懂得书中的美妙，愿你我都珍惜读书时间。拿起心爱的书本，阅读吧。只有现在多充实自己的学识，才能在将来给自己一个美好的明天。

多向周围的人学习

在我们身边，好与坏是人世间的两种普遍现象，自古以来，好与坏就是对立的。人们喜欢好，称赞好，羡慕好，可就是没有人愿意学习好的。相反人人都讨厌坏，憎恨坏，排斥坏，可往往有的人总是要效仿坏！怪不得古人说："学好千日不足，学坏一日有余。”

在生活中，每当我们看到别人的家庭好，身体好，事业好，孩子好，总会很羡慕，做梦都想和别人一样方方面面的都好。不过好不是做梦做来的，“好”要靠实实在在的行动去积累去创造，尽管人人都羡慕别人的好结果，却没有愿意跟别人一样，按着好的方向前进，更没有人来学习别人好的方法和门道。而且，不愿意跟人们学习好的经验还不算了，甚至有的人还会嫉妒人家，见别人好了，自己心里急，便会捏造或者散布各种谣言，想用这种卑鄙的手段来破坏别人的好结果，破坏人家的好名声，这实在是不高明的了。

我们说，那些看到别人比自己好就急眼，生怕别人比自己好的人，都存有上面那样的想法，这绝对是大错特错。岂不知你的这种想法会致使你的人际关系出现危机，会让你与别人产生矛盾，最终会让你失去友情和信任，同时也会降低自己的身份，让自己在众人眼中留下一个不好的印象，这也就是在给自己的人生设置了最大的障碍！

人要善于交换角度去看待问题，去思考问题。如果你就站在一个公平、正义的立场上去分析的话，你会觉得让自己看到别人的好，那是上天对自己的恩赐，是给自己预备了一次学习的机会和一次向“好”靠近的机会，别人的好自己没有，自己就可以从别人身上去吸取经验和学习方法。别人的好是等于为我们自己指引了一条通往“好”的道路。别人能做到的，只要自己照着做也能行，别人能收获美好的人生，自己也一定能行。如果我们以正确的心态，把别人当成自己学习进步的榜样和指路人，那么你不但不会嫉妒，反而会以一颗感恩的心来对待别人。也就是说只要你把心态摆正，利用好了，即让自己认识了自己的不足，还能学习到别人的长处，让自己越来越好，真正是有百利无一害！

战国时期的赵武灵王是赵国的一位奋发有为的国君，他为了抵御北方胡人的侵略，实行了“胡服骑射”的军事改革。改革的中心内容是穿胡人的服装，学习胡人骑马射箭的作战方法。当时，汉族人流行的服装是那种比较宽袍大袖的样式，不利于骑马作战。而胡人游牧民族的服饰是那种比较窄和短的，方便于骑马作战。为此，武灵王力排众议，带头穿胡服，让兵士们学习骑马和练习射箭，并且他常常亲自去训练士兵。最后，使得赵国的军事力量日益强大，最后西退胡人，北灭了中山国，成为“战国七雄”之一。相传，现在河北邯郸市西的插箭岭就是当年赵武灵王实行“胡服骑射”、训练士卒的场所。

这个例子就很能充分地说明学习别人的长处，有利于自身的发展。

还有很多的例子，我们都熟悉的唐朝大诗人白居易，在写诗作文的时候，会常常拿给身边的人们和街上的小孩子与老年人们读，让他们感受其意义，然后听取大家的建议再做修改，直到自己的诗句和文章大家都能懂得和明白为止。

如果自己抱的目的不正确，觉着跟着别人学就抬高了别人而贬低了自己的话，那么，自然而然的，当你面对那些比你优秀的人的时候，心里就会不平衡，又气又急又是嫉妒。这样自己不但不能学习到别人的长处，还会让自己错过一次取长补短、不断充实和提升自己的机会，同时自己也弃绝了一条通往美好人生的道路，就因为心态不正就堵了自己的一条路，真的太可惜了。甚至还会因此让自己犯错，试想，看到别人好自己就急眼了，分明就是怕别人比自己好了，更有甚者，有的人还会盼着别人不好，只要别人不好了自己就得意了。

如果你不信的话，可以观察一下周围的人们，凡是见别人比自己好就嫉妒的那种人，一个好的也没有，因为他的心地不好，所以，更不屑于向好的学习。其实，这就是他们错过的最好的学习的机会了。俗话说："心好莫愁命运孬。"人要想好的话，首先要有一颗好的心，不管是谁，只要别人好了就真心地为他高兴，别人不好了真心地替他着急。哪怕是与你关系不是很亲密的朋友，也要真心地为他高兴或者为他着急，只要达到这种程度才是真正的好心。老百姓常说："好心自有天保护。"事实也是这样，好心好意天赏赐，恶心恶意天烦恶！

学习没有止境

一位曾在国外学习的北大人遇到过这样一件事：

美国东部一所大学期终考试的最后一天。在教学楼的台阶上，一群工程学高年级的学生挤作一团，正在讨论几分钟后就要开始的考试，他们的脸上充满了自信。这是他们参加毕业典礼和工作之前的最后一次测验了。

一些人在谈论他们现在已经找到的工作；另一些人则谈论他们将会得到的工作。带着经过四年的大学学习所获得的自信，他们感觉自己已经准备好了，并且能够征服整个世界。

他们知道，这场即将到来的测验将会很快结束，因为教授说过，他们可以带他们想带的任何书或笔记。要求只有一个，就是他们不能在测验的时候交头接耳。

他们兴高采烈地冲进教室。教授把试卷分发下去。当学生们注意到只有五道评论类型的问题时，脸上的笑容更加生动了。

三个小时过去了，教授开始收试卷。学生们看起来不再自信了，他们的脸上是一种恐惧的表情。没有一个人说话。教授手里拿着试卷，面对着整个班级。

他俯视着眼前那一张张焦急的面孔，然后问道：“完成五道题目的有多少人？”

没有一只手举起来。

“完成四道题的有多少？”

仍然没有人举手。

“三道题？”学生们开始有些不安，在座位上扭来扭去。

“那一道题呢？”但是整个教室仍然很沉默。

“这正是我期望得到的结果。”教授说，“我只想给你们留下一个深刻的印象，即使你们已经完成了四年的工程学习，关于这项科目仍然有很多的东西你们还不知道。这些你们不能回答的问题是与每天的普通生活实践相联系的。”然后他微笑着补充道，“你们都会通过这个课程，但是一定要记住即使你们现在已是大学毕业生了，你们的学习仍然还只是刚刚开始。”

随着时间的流逝，教授的名字已经被遗忘了，但是他教的这堂课却没有被遗忘。

一位青年人，在高考落榜后只身到举目无亲的深圳打工。

几经波折，他终于找到了一份工作：做一名油漆工。

他上班第一天，就被油漆种类弄得发晕，在家乡只用过调和漆的他似乎第一次明白世界上有这么多种类的油漆。

公司刚刚成立，对这方面大家都没有什么经验，漆面起泡、泛白、刷痕明显等问题经常出现，不仅影响质量，而且又延误工期，大家苦干多时还挣不到多少钱。怎么办呢？这个青年人经过日夜思考，最后想到了求助于书本。

一天下班后，他就直奔到书店，买了一本《油漆施工疑难解答》，这意味着，他一周的生活费没有了。但是，回去看书时候，他惊奇地发现，他们所遇到的问题，书里都有解决方法。他边看书边实验，终于在短短的一周内解决了一个个技术难题。通过不懈的努力，再加上参考了不少这方面的资料，他慢慢地成了这方面的专家。

工作一段时间后，他节衣缩食攒了几百元钱，报了个学习班学会了电脑操作。

机遇总是给有准备的人，学完电脑没多久，公司要调一个人到写字楼工作，有一个前提就是一定要懂电脑操作，这个年轻人顺利入选了。

在这里，他被任命为客户代表。但很长时间没有签到客户。他反思原因，认为是自己存在诸多不足：不善于与人交流、知识面窄等都是致命弱点。这使自己不能很快掌握客户的心理。

问题找到了，他下决心一个个攻克。他开始了近一个多月的"恶补"，社交礼仪、演讲口才、顾客心理、营销策略等各方面的书堆满了床头，而荒疏多年的文学知识也被他重新捡起。"恶补"收到奇效，在随后的五个月时间里，他签下了近四百万的单，名列公司第一位。

因为在每个岗位都能焕发异彩，青年人逐渐受到重用，事业进入了平稳发展时期。他先后担任工程监理、工程部经理、客服中心总监等职务，开始读《现代人力资源管理》之类的管理类书籍。同时，他开始为公司员工编写培训教材。

学历的高低并不代表个人的能力。现在的社会更青睐能力高的人。上大学不是唯一的成才途径，只要肯努力钻研，靠自学也能成才，也可以通往成功的彼岸。自学的人在读书收获和成功方面往往能超过受过专门教育的人，是因为他们目的明确，愿望强烈，深知自己要研究什么，要读哪些书。

生活中我们好多人就像那位教授的学生们一样，自己以为自己学到了很多知识，足以征服世界，可事实正如教授说的那样，一切才刚刚开始，因为学无止境。那些对学习不感兴趣，或是“忙得没工夫看书”的人，终会被时代的激流所淘汰。也就是学如逆水行舟，不进则退。如果你想让自己在社会上站住脚，就得一直学习下去。

汽车大王福特年少时，曾在一家机械商店当店员，周薪只有2.05美元，但他却每周都要花2.03美元来买机械方面的书。

当他结婚时，除了一大堆五花八门的机械杂志和书籍，其他值钱的东西一无所有。就是这些书籍，使福特向他向往已久的机械世界迈进，开创出一番大事业。

功成名就之后，福特曾说道：“对年轻人而言，学得将来赚钱所必需的知识与技能，远比蓄财来得重要。”

书，是四季常青的智慧之树。读好它，也是一种充满希冀的栽种。读书与不断的学习就像是在植下一片生命的寄托；植下一块炎夏的绿荫；植下一抹夜行的曙色；植下一个人生的憧憬……

如果失去它们，生命往往变得荒凉。人生，也会出现另一种水土流失——苍茫的漠地，会摇着干枯狗尾巴草，思维掩息了波澜，岁月也会失去斑斓的色彩。书，是钥匙，它能开启许多奥秘之门；书，是向导，它能引导人步出许多误区，步入辉煌。

事实已经证明，受过最成功教育的人，往往是自学成功者或自我教育的人。而自我教育不足，对个人的成长是不利的。发表过《进化论》的达尔文就说过："我的学问最有价值的全是自己苦读学来的。"也就是说，即使上大学时候你很优秀，你也只是刚开始，以后还有很多东西必须学习，没有上过大学的人更是要认真对待学习这件事情，如果你想真正做到成功。

如果你不努力学习，就等于放弃了机会

我们常常听大人们说，为学做事都要认真努力，如果不努力，就等于放弃了机会，不过，似乎还有很多的人，常常不去珍惜身边的机会，因为，有些人并没有真正认识到努力的作用。让我们来看一则学生的日记吧：

时间就好像是潺潺的流水，无情地冲刷着记忆。在我的记忆中，有许多的事情就像飞溅起来的浪花一样，一涌即逝。但是有一件事情却像是一块千斤的大石头，深深地埋在我心灵的深处，

浮不起来又冲不走。每当我回忆起它的时候，心里便会很难受，很难受……

在我很小的时候，总是很羡慕那些钢琴家。我曾经跟妈妈说：“妈妈，我长大也要做个钢琴家！弹好多好听的歌给你听！”就是这句话，让我进入了钢琴培训中心。

练琴的那些日子，可以用“苦不堪言”来形容。手型一有一点儿的问题，就会被一旁的老师用戒尺重重地打手。每一个练琴后以的夜晚，我都会自己蜷缩在被窝里偷偷地啜泣，自己抚摸着那被戒尺打肿了的手掌。一天又一天，单调的曲子、复杂的音符，无情的戒尺，这所有的一切，都在摧残着我的意志。我的手指只是在机械地弹着那些重重复复的音符。在练琴的过程中，我没有找到任何的，甚至是一丝一点的快乐，更没有什么兴趣可言。

几个月以后，我的手指依旧不肯合作。“讨厌！讨厌！”我愤怒地将琴谱扔到了地上，用手捶打着令人讨厌的钢琴。那时候，我感觉自己简直不想活了。我趴在冷冰冰的地上，无人搭理，在那里撕心裂肺地哭了起来。然而，发泄过后还是平淡得没有一丝起伏的练习。这样的生活让我感觉我越来越讨厌这钢琴了，我讨厌整天对着它，我讨厌在它旁边一坐就是几小时。

在这样的情绪下，我决定了要放弃。不过，当时的我却没有放弃的勇气，我害怕看见妈妈失望的目光。但最后，我还是选择了对妈妈说出放弃的话。当“放弃”二字脱口而出的时候，我感觉自己如释重负，一头栽倒在妈妈怀里大哭了起来。接着，妈妈也失望地哭了。过后，妈妈对我说："如果你真觉得练琴是一种负担，那放弃吧，以后想练再练。"我清楚地记得，那时候，妈妈是哽咽着说的，眼眶里还闪着晶莹的泪花。

从那以后，琴盖一合便是三四年再也没有打开过。如今，每当我听见我的好朋友轻快地弹着曲子，便会勾起了我那段痛苦的回忆。于是，我再次打开积满灰尘的琴盖，手还是以前那一双手，却再也弹不出曾经由那双手弹出过的曲子了。

其实，在我说出"放弃"的时候，失败的命运就已经就被注定了。这件事告诉了我，千万别轻言放弃，放弃就直接等于失败。人生没有平坦的道路，一切只是经过而已，管它以前经历过什么？我对自己说，过去的就让它过去了吧，别再想了，要想的是明天！任何时候都不能自暴自弃，放弃等于失败，坚持就是胜利！

我们再来看一个例子：

台湾的著名画家谢坤山，十六岁的时候，在一次车祸中失去了一条腿和两只手臂，后来又失去了一只眼睛，这样的遭遇如果发生在你我的身上，我们也许会感觉自己简直无法继续活下去，当别人问他，是什么让你有活下去的勇气时，他开朗地笑着说，"我不会去想我失去什么，我会去想我还拥有什么"。

是的，生活中，也许总有着失去和拥有，舍与得的道理大多数的人都知道。其实有些事物的失去，并不是真正意义上的失去，我们可以通过加倍的努力而重新拥有，即便是失去了肢体，我们还是应该用积极的生活态度去面对，过多地在乎它会“放大”了失去的那一面，那样也许会是我们真正意义上的失去。

但事实上，我们都不能避免自己某一天会失去一些东西，这其中也包括我们的肢体。有些东西当我们失去的时候，也许我们会伤心、苦恼，甚至是痛苦一段日子，但是我们不能永远地沉浸在这种难以自拔的痛苦之中。想想身边还有许多关心着我们的朋友，牵挂着我们的父母，还有爱着我们的爱人和活泼可爱的孩子，你我其实已经是世界上最幸福的人了，所以我们一定要坚强地去面对，我们没有理由不努力，我们也不应该轻言放弃。

姚明曾经说：努力不一定成功，但放弃一定失败。这么一句简洁明了的话语，有着更多激励我们的动力。当你我遇到了挫折和失败的时候，或者受到失去事物的打击的时候，没有关系，让我们擦干自己的泪水，让我们重新来过。只要我们努力地做事情，或许还会因为其他的一些客观原因，我们不能成功，但是，我们也是无怨无悔了，因为我们做出了努力，努力了也就代表了我们对事情的态度，但我们如果放弃了努力，这就等于我们放弃了成功的可能性，真正放弃了就等于失败了。

在这里，想对大家说的是，年轻的我们，人生的路还有很长，还有很多的事要我们去做，珍惜我们现在所拥有的一切，珍惜生命中所有的感动，努力认真地面对生活，我们会发现其实生活中的每一天都是美好的。

你从工作中学到的越多，赚的也会越多

很多的时候，我们从书本上学到的东西，只有投入到实际中运用的时候，才能体现出其价值，并且，我们还得从自身所从事的事业中不断地吸取与借鉴，才能不断充实自身。下面一位教师的讲述，就很好地说明了这一点：

我本来不是师范院校毕业的，但却做了一名老师。当老师是我比较喜欢的一项工作。我是从家乡千里迢迢跑来南方参加工作的。到现在我已经工作半年了，在这半年里我多多少少学到了一些新的东西。

我本来是英语专业的，但是由于工作上的需要，学校安排我去教数学。这些我并不太介意。我相信我一样能够教好数学这门课程。在教学中我觉得老师的情绪对学生的影响是非常大，如果老师讲课时一点热情都没有的话，那学生更没有劲儿听下去了。所以老师讲课时要有激情，更不要把自己的负面情绪带到课堂上去。所以，我很注意在上课之前，调整自己的状态，尽量做到不让自己的情绪影响到整个课堂和每个学生的情绪。而且，我也比较注意调节课堂的气氛，这样，学生们更容易听进去，能更好地接受。

另外做思想工作的时候，要以理服人，话要说到学生们的心里去，让他们自己感觉到应该是你说的那样。其实，学生时代的人们最相信老师的话，所以作为一名老师说话时一定要慎重，毕竟他们还是一群天真无邪的孩子。对于成绩不好的学生也千万不要去伤害他们的自尊，比如不能说“这么简单的问题，你怎么不会?”“你真是不可救药了”等带有打击性的话。要让学生哪怕是最差的一个学生，也能感觉到他自己身上也有是闪光点的，也有别人不具备的优点的，而不总是一无是处，另外，还要公平地对待每一位学生，尽量不偏向任何人。

另外还要和同事们搞好关系，要虚心向老教师们请教。毕竟自己是一个刚走出门不久的年轻老师。在经过一番努力以后，我所教的成绩还可以，班级在考试中也取得了全年级第二的成绩。我知道这是全体同学共同努力的结果，如果没有他们的配合成绩肯定是一塌糊涂，在这里，我内心是非常感谢他们的。

作为老师，很难做到不与家长们打交道。而学生们的家长们，来自各行各业，层次与素质各有不同，所以，沟通起来，也确实是一种艺术。我通过观察老教师们与家长们的沟通过程，也基本能与家长们做到满意的交流。

这份工作让我感受到了工作当中的乐趣，同时也让我收获了更多。所以，我从来不觉得工作是一件累人的事情。同时，在工作之余我觉得自己还是应该继续去学习。放假的时候，我还觉得有一点空虚，虽然我已经毕业了，但我还是感觉我能从工作中去多学一点知识。学习是永无止境的，艺多不压身，再学习也是适应社会发展的需要。而最终，受益的人是我自己。

其实，我感觉不论我们从学校中学到了多少的东西，如果不加以实践，那些知识都是虚的，只有在工作中不断地继续学习，才能收获到更多。而且，随着收获的增加，自己的学识与素质在不断增加。所以，想对大家说，一个人从工作中能够学到更多的话，那么最终赚取利益的还是我们自己。所以，无论我们从事什么样的工作，都要认真对待，从中吸取更多的精神养分，从而让自己更充实。

第九章　像打扮自己外表一样打扮语言

我们常说“言为心声”，我们的语言就是我们的第二张脸面。一般来说，看一个人是什么样的，从他的言谈举止中，就可见一斑了。日常生活中，人与人的交流还有我们的工作和学习，都离不开语言。可以说，语言是一种最重要的交流与表达方式。所以，我们一定要合理地运用语言这一工具，来实现与人的交流，让语言为我们服务，从而使我们更好完成自己的工作，走向成功。

说话的技巧

我们在研究说话的技巧之前，必须多接受别人的话语，也就是要先做个良好的“听话者”。人与人之间传达思想与感情，必须使用语言为媒介。与人谈话的目的，不外是为获取对方的意见或表达自己的意见。这里给大家提供一些技巧，分述如下：

一是，谈话的态度。

在谈话时不应“抢”，更不能“强”，必须要多听；发言的时候，必须态度和善，谦虚中肯，要给人有好的印象，如此听话者也很乐意接受你的劝说。可是有一些人，由于具有强烈的表现欲，无论在任何场合都是喋喋不休的，甚至硬要别人聆听他的话，这种人，大部分是属于歇斯底里的性格，所以其说话的目的，只是满足他自己的发表欲望，其内容并不一定新颖丰富，更多的只是为了使别人注意他而已。因此，这种人的谈话除非用强制的手段，召集别人，否则根本没有人愿意自找这份麻烦的。

二是，说话要慎重。

说话时如果不加思索，想到就说，这会把个人的弱点完全地暴露出来。“片言之误，可以启万口之讥。”一个人的人格，与出言吐语，有直接关系。出言“温文尔雅”，谓之君子；出言“亢爽磊落”，谓之豪杰；出言“藏头露尾”，谓之阴狠；出言“暴戾恣睢”，谓之莽夫；出言“油腔滑调”，谓之小人。一言既出，人格判然，此其关系一。人与人之间的相处与了解，大半有赖于说话，说话技巧好，一席话说得人家心悦诚服，芥蒂涣然冰释；说话没有技巧，措辞不当，容易引起误会，使感情恶化。换一句话说，同样的一句话，有说话技巧的人，说得人家中听，心悦诚服，没有说话技巧的人，能说得人家动气，肝火上升，此其关系二。

三是，会说话的条件。

会话本来是极为简单的事，你问我答。唯有问话必须清楚，答话也不必太繁，其要领主要在于以下的三个条件：

其一，温和婉转。对话第一要婉转，能婉转才有“磁力”作用，这样才能使听者表示同情。所谓温和婉转，包括三个要点：声调要和悦柔顺，使听者悦耳；态度要和悦诚恳，使见者动容；措辞要圆润周到，使听者感动。这三者缺一便不能算是婉转。

其二，有条不紊。对话的语句，虽然不多，却也要说得条理清楚，理由明晰。其秘诀是要去除闲言客套，句句精要，而又层次分明、先后有序，应该说的话，用最经济的说法表达出来；不必说的话，一句都不说，这种措辞组织，都须有相当分寸，事前当然要有一番准备的，否则临时应付的话，就会多有遗漏，而且必然会话多了。

其三，诚恳亲切。彼此之间的对话，以亲切为第一，情真意切，才有好感；有好感，才能收到好的效果。所谓亲切诚恳，便在于精神集中，用柔和的眼光正视对方。态度诚恳，语气也要诚恳，最不好的现象，便是对话时挺着胸脯，双目视于别处。

谈及说话的技巧，不是危言耸听，有的时候，一句话说得不好就会招致大祸，这是常常可以见到的事情。俗语说“病从口入，祸从口出”，因此我们怎能在说话时不时时谨慎呢？

说话还要看时机，时机没有到时不可以说得太早；时机一到，该说就说，不说反而不好了。

常言道："话多必失。"说话多不如说得少，说得少又不如说得好的。有道德修养的都是慎言的人；有信义的人，唯恐滥说不能兑现，也不敢多说或轻诺；有机智有才谋的人，唯恐机密泄露，也不敢多说话。会说话的人话虽然不多，但词句中肯而恰当，收效宏大。因此说话妙比说话少更胜一筹。

人与人相处，不可能始终默不作声，就是最沉默的人，在必要的时候，也不能不说几句话。说话是沟通彼此感情、传达心声的必需工具。你与熟人说话而使彼此情感意思沟通，并不算本领，要能与生人讲话，谈得推心置腹、相见恨晚，才是你真正的本领。如果说这是说话能达到的最高境界，那对说话基本的要求便是不伤人或失人和。"得道者多助，失道者寡助，多助之至，天下顺之，寡助之至，亲戚叛之。"这实在是做人说话的道理。青年人初入世事，说话宜少不宜多，宜小心不宜大意，要在话出口以前，先思考一番。

说话所引起的反应，可能有以下几种，第一种是有隽永之味；第二种是有甜蜜之味；第三种是有辛辣之味；第四种是有爽脆之味；第五种是有新奇之味；第六种是有苦涩之味；第七种是有寒酸之味；那第八种便是最坏的反应，创痛之味了。

话题的引入方式也有很多种，比如开门见山、循序渐进、话题的转入、动作引入，等等，在话题切入时还要考虑一些外部局部因素，例如地点选择、场合、时间、气氛、主体的情绪，等等。具体来说，一般说话技巧的要点有：抓住重点（沟通主题具体、精简)，速度适中（不疾不徐)，保持微笑（伸手不打笑脸人)，察言观色（看对方反应调整说话情境)，间接指出对方错误（照顾对方情绪)，善用形容词（增强说话效果)，叫出对方的名字与头衔（表示亲切与尊重)，以对方擅长的事为话题（每个人都有引以为豪的成就)，分辨混淆字词（如十与四)，注意说话礼貌（多说“请”“谢谢”等)，避免滔滔不绝（让对方有说话机会)，倾听对方的话（能抓住对方的语意与重点)，清楚传达讯息（让对方了解有关信息)，保持合适的谈话距离（视人际关系亲疏而调整)，以自然姿势辅助说话（不装腔作势)，以低而稳的态度沟通（一般人讨厌高傲者)，重述与整理对方语意（对方语意不清时)，投入对方话题中（融入对方话题)，适时调整音调（引起对方注意)，预先计划沟通所需时间（按部就班达到目标)，让对方能畅所欲言（营造轻松开放的气氛)，提示对方你想要听的话（表达自己的意愿)，确认关键性问题（避免日后起纷争）等。

很多的时候，人生是不断地说服他人，以寻求合作；反过来也可以说，人生是不断地遭到拒绝和拒绝他人。在社会交往中，如果要直截了当地说出拒绝的话，一般是很难出口的，然而，有的时候又不得不拒绝对方，这就要求大家掌握拒绝的技巧。

首先要求拒绝者态度和蔼。不要在他人刚开口要求时便予以断然拒绝。对他人的请求迅速采取反驳的态度，或流露出不快的神色，或藐视对方，坚持完全不妥协的态度等，都是不妥当的，应该以和蔼可亲的态度诚恳应对。

拒绝对方要开诚布公，明确说出理由。不敢据实言明，采取模棱两可的说法，致使对方摸不清自己的真正意思，而产生许多不必要的误会，这就容易导致彼此关系的破裂。

拒绝时尽量不要伤害对方的自尊心。特别是对你有恩的人，来拜托你做事，的确是非常难以拒绝的。不过，只要你能表示尊重对方的意愿，率直地讲出自己的难处，相信对方也是会体谅的。

拒绝对方时，要给对方留一个退路，也就是给对方留面子，要能让他自己下梯子。你必须自始至终很有耐心地把对方的话听完，当你完全听完对方的话后，心里应该有了主意，这时再来说服对方，就不会使对方太过难堪了。

有时拒绝，不能把话完全说死，要让对方明白，此次遭拒绝，不代表下次没有机会。如果很有把握可以加以拒绝的话，只管开诚布公地与对方明言。如果对付的是一个难缠的人，拒绝他时，最好避免视线直接接触，选择相对的位置以斜、横为佳。此外，还可以选择恰当的地点和时机来拒绝对方。有时候，拖延一段时间，审慎选择机会，会使得原来紧张的局面完全改观，这也是一种拒绝人的技巧。

在社交场合，不妨用下列方法试一试。

有意推托，如“转告一声倒可以，就怕她产生误会，还是你直接同她讲一声为好。”“这件事由我出面恐怕不太好。”

尽量回避，如“我没看清楚。”“我没注意。”

故意拖延，如“今晚有事，以后再说吧。”

保持沉默，如“让我再考虑考虑。”

表示另有选择，如“好是好，不过我更喜欢……”

婉言回绝，如“我很理解你的心情，这样做对你我都没有好处。”

遭人拒绝时，也要看开一点，既然多说无益，不如漂亮、干脆地来个撤退。虽然，在你遭人拒绝时，心情是不可能愉快的，但是，你还是要尽快接受，以期下一次的机会。有时候，遭到拒绝并非就此盖棺论定，仍需你继续努力工作，才会有一个更好的明天。

从你所说的每一句话都能了解你的素质

我们常说，言为心声。往往判断一个人是什么样的人，从他的言谈上就能明了。那些让人尊重敬畏的人，他们的语言也同样能让人感受到敬畏。

孟尝君成为齐国的相国之后，想要合纵其他国家去抗衡秦国。

他的门客公孙弘对孟尝君说：“您可以先派一个人去秦国观察一下秦王，如果秦王具有帝王之资的话，您恐怕当大臣都没有机会了，哪里还顾得上与秦国作对呢？如果秦王真是不肖，那时您再合纵抗秦也不迟呀！”

孟尝君仔细考虑了一下说：“这样更好，那就不如请先生您亲自跑一趟吧。”

公孙弘于是带了十辆车来到了秦国。

当时在位的秦昭王听说此事以后感到非常恼火，就想趁机羞辱公孙弘一下。所以，当公孙弘一到秦国，秦昭王就马上接见了他。

见面之后，秦昭王首先发问：“薛地面积有多大啊？”

公孙弘回答道：“方圆一百里左右吧。”

“哈哈。”秦昭王一听就大笑起来，“我的国家土地纵横数千里，尚且不敢与谁去作对。如今孟尝君才不过区区百里的封地，就想要和我作对，他是不是有点儿太自不量力了？”

“孟尝君喜爱士，而大王您却不喜爱士！”公孙弘不卑不亢地回答。

“哼哼，孟尝君喜爱士，那又能怎么样？”秦昭王冷笑着反问。

公孙弘十分庄重地说：“信节守义，不向天子称臣，不与诸侯交友，如果得志的话，就是做了君主也不惭愧；如果是不得志，就连大臣也不肯做，像这样的士，孟尝君门下有三位；善于治国，足以当管仲、商鞅的老师，其主张如果付诸实施的话，可以使君主成就霸王之业，像这样的士，孟尝君那里有五人；担任使者，遭到拥有万辆兵车的国君的侮辱，退下自刎，但一定要用自己的血染红对方的衣服，就像我这样的，孟尝君那里有七个。”

秦昭王听到这话，心中十分惊讶，马上笑着向他道歉：“先生何必如此呢？我对孟尝君还是很友好的。您回去后希望能向他表明我的心意。”

公孙弘凭借自己的胆识终于胜利地完成了出使秦国的使命，安全地返回了齐国。

公孙弘的所作所为足以称得上凛然不可侵犯。秦昭王是秦国的国君，而孟尝君只是齐国的大臣，在秦昭王面前公孙弘能为孟尝君仗义执言，真可称得上勇士了，有如此忠烈的门客，你不敬他主人三分吗？

你怎么说和你说什么同样重要

记得有一句古话：良言一句三冬天暖，恶语伤人六月寒。这里，我们借用这一句话，为的是要证明，你的语言是很有力度的，要记住，说话的方式与内容都是非常重要的，这决定一个人在公众眼中的形象与他的素质，而且对于给人的印象来说，一个人的说话方式与内容也是相当重要的。

晏子使楚以后，不仅维护了齐国的尊严，也为他自己赢得了名震诸侯的声望。因此，齐景公很尊重晏子，经常亲自去看望他。

这天，景公又带着随从去拜访晏子。

晏子的宅院很小，就在市场边上。景公一行穿过市场熙熙攘攘的人群，来到晏子的家门口，下了马，就往里走。

走到院子里，景公来回打量着晏子的客厅：陈设很简单，面积也不大。坐在客厅里，仍然可以听到市场上的吵闹声，也可以闻到市场上特有的那种混杂的气味。

景公对此感触很深。他对晏子说："先生的府邸很窄小，而且这样的地方声音嘈杂，气味更是难闻。先生不如迁到豫章园林去吧。我已经为您安排好了，那里房屋宽敞，环境也很是幽雅，适合您这样的人居住。"

晏子再三拜谢，坚辞不受，他说："多谢主公的好意！但为臣我在这里已经住习惯了，不想离开。而且，我家的人口多，手头也拮据，依靠市场吃饭，早晚都得去市场做买卖，不能把家搬得太远。"

景公笑道："先生既然熟悉市场情形，那你可知道什么东西便宜，什么东西贵吗？"

当时正值景公用刑严苛，特别是刖刑使用得很频繁（刖刑，就是砍去脚或脚趾。受过这种刑罚的人不能穿正常人的鞋子，必须要配上一种特制的假脚。这种刑罚在当时还算是比较轻的一种），晏子想到了这一点，就笑着回答说："假脚最昂贵，鞋子很便宜。”

齐景公一听，感觉得很是奇怪，就问：“这是为什么呢？”

晏子还是微笑着说：“因为受刑的人很多啊。”

齐景公听了以后，大吃了一惊．脸色都变了：“寡人太残暴了。”

于是，他下令废除了五种比较严苛的刑罚。

在封建专制制度下，君王都是享有至高无上的权力，作为臣子很多都因为直谏而招致了杀身之祸，于是便有了无数的委婉之谏、比喻之谏并且随着历史发展流传下来。晏子在近乎闲聊的对话中使景公自动地减轻了刑罚，可谓是善谏者啊。可见，说话要看怎么说，要看说什么，这些，都是非常重要的。

汉朝时期，蒯通被抓来以后，高祖问他说：“是你教唆淮阴侯反叛的吗？”

蒯通回答说：“是的。我的确是叫他反叛，可惜那韩信小子没有用我的计策，所以他才自取灭亡，落得如此下场。如果那小子采纳了我的计策，陛下你怎么能杀得了他呢？”

高祖听了以后很是生气，于是下令说：“把他蒸了！”

蒯通说：“哎呀！你要把我蒸了可是冤枉我呀。”

高祖说：“你教唆韩信反叛，有什么冤枉的？”

蒯通回答说：“秦朝法度废弛、政权瓦解的时候，天下大乱，各个诸侯国纷纷自立，英雄豪杰们像乌鸦一样纷纷聚集。秦朝灭亡之后，天下人都来追逐帝位，但是只有有才能、行动快的人才能抢先得到皇帝的宝座。盗跖的狗对着尧狂叫，并不是因为尧不仁德，只不过他不是狗的主人。那个时候．我只知道韩信，并不知道有陛下您呀。况且天下养精蓄锐想要做皇帝的人很多，只是他们力所不能及罢了。难道你能把他们全部烹杀完吗?”

高祖听他说得有道理，只得下令说：“饶了他吧。”于是赦免了蒯通的罪过。

蒯通为韩信出谋划策、教唆他谋反的事实不仅推不翻而且还是千真万确的。蒯通被抓之后，并没有否认这个铁的事实，再加上欺君的罪名，他注定是要被杀头的。所以蒯通在教唆韩信的事情上大做文章，不直接回答自己教唆韩信叛乱这个问题，而是把话题引到了楚汉战争。巧妙地转移话题，将对方的注意力引向有利于自己的事实上，会使对方做出更加有利于自己的评判，最终对方很可能相信或者原谅自己。由此看来，语言的技巧对一个人来说，是非同一般的啊，怎么说和说什么，有的时候关系到自己的身家性命，我们在惊叹蒯通的口才的时候，也应该学会他们那种语言方式，为我们以后遇人遇事的时候，提供一些有用的经验。

清朝的纪晓岚是翰林院大学士，据说为人能言善辩，机智过人，被誉为“铁齿铜牙”。这一点，可以说是他立身处世的一个重要法宝，也使他很得乾隆皇帝的喜爱。

有一天，纪晓岚陪乾隆在御花园里散步。乾隆忽然问纪晓岚：“纪爱卿，忠和孝到底应该怎么解释呀?”

纪晓岚答道："君要臣死，臣不得不死，是为忠；父要子亡，子不得不亡，此为孝。"

乾隆一听，便以为纪晓岚中了圈套了，于是说："我现在以君王的身份，要你立刻去死!"

"这——"纪晓岚慌乱了一下后，随即就想出了一个好主意，便说，"臣遵旨!"

乾隆于是好奇地问："那你打算怎样死?"

纪晓岚显得又害怕又紧张地小心回答："上吊太疼，我还是跳河吧。"

乾隆一挥手，说："好！你现在就去跳吧!"

等纪晓岚走了以后，他便在花园里踱着步，心想纪晓岚将会如何渡过难关。不过，他的心中既好奇，又紧张，因为他不是真的要纪晓岚去死。

为了缓解紧张的心情，乾隆就吟起诗来。哪知道他一首诗还没有吟完，纪晓岚便跑回来了。

乾隆很奇怪，就假装板起脸来问道："纪爱卿，你怎么还没有去死呢?"

纪晓岚说："我刚刚走到河边的时候，让人给拦回来了，他不让我跳河寻死。"

乾隆感到更加奇怪了："你这话是何意思?"

"刚才我站在河边，正准备跳下去。这时原本很平静的河面突然起了一个很大的漩涡，好像有东西从水里冒出来一样。等水花静止以后，我才发现从水里冒出来一个人，他说他是投江自沉的楚国屈原。”纪晓岚有板有眼地说着。

“真的吗？那他对你说了些什么呢？”乾隆明知纪晓岚在故弄玄虚，但仍想听听他如何继续说下去。

只见纪晓岚不慌不忙地接着说：“屈原指着我问：‘你为什么要跳河呢？’我于是就把刚才皇上要我尽忠的事情告诉了他。他说：‘你这就不对了！想当年因为楚王是昏君，我不得已才投江的。可是我看当今的皇上是个圣明之君，不应该再有忠臣要跳河的道理啊！你应该赶紧去问问皇上，他是不是也是昏君？如果他自认为是昏君的话，那时，你再来找我，我们再做伴也不迟呀！’听他这么说，我只得跑了回来。”

乾隆听了，忍不住哈哈大笑说：“好一个巧舌如簧的机智人物！好了，朕算服你了。”

这个故事的另一个版本是说刘墉得罪了乾隆，于是被处投河自尽。然后，刘墉也是以这个意思的一些话，把自己开脱了。由此，我们能看到，不论在什么时候，语言的艺术威力无穷，哪怕是一些调侃，都要讲究方式与内容。

说话前一定要察言观色

我们常会看到这样的现象，有的人本来是好意，可是，说的话却常会得罪人，这里有很大的一部分原因就是，这些人不会察言观色。

淳于髡是齐国人，他见识广博，记忆力强，学术上并不专注于一家。他一直很仰慕晏婴的为人处世，也常向晏婴一样，经常讽谏劝说君主，但他很注意察言观色，从而揣度对方的想法以便于自己说什么话，怎么去说。

一次，有一个客人把淳于髡引见给梁王，梁王斥退左右侍奉的人，独自一个人先后召见过他两次，但他始终没说一句话。梁王感到很是奇怪，为此就去责备那个引见的人说："您这么赞扬那位淳于髡先生，说管仲、晏婴都比不上他，可是我和他见了两次面，他却什么都没有说过。难道说我不配跟他讲话吗？这是什么原因？"

客人去把这些话转告了淳于髡。淳于髡听后笑着说："本来就是这样。我第一次见到君王的时候，他的心思全在车马游猎上；第二次我再见到君王的时候，他的心思在声色歌伎上，所以我什么都没有说。其实，就算我说了，他也听不进去的啊，"

客人又把淳于髡的话原原本本地告诉了梁王。梁王听了以后感到十分惊讶，说道："哎呀！这位淳于髡先生真是圣人哪！前一次淳于髡先生来见我的时候，有人给我进献了一匹好马，我还没有来得及看，正好先生来到了；后一次先生来见我，有人给我进献歌舞伎，还没来得及细欣赏，恰逢淳于髡先生来到。我虽然斥退了左右服侍的人，但我内心在想着那匹马和那几个歌舞伎，确实是这么回事。”

淳于髡之所以两次面见梁王而没有说过一句话，并非是他不想将自己的才学展示给梁王，而是他通过察言观色，发现梁王的心思并不在与自己的谈话上。在这种情况下，即使自己说得再多，阐述得理论再精妙，也不会收到什么好的效果。人们在生活中与人交谈的时候是有很多技巧的。比如说，那些口若悬河的人不一定都能使对方接受自己的观点，而惜语如金的人也不一定就说服不了对方，交流的关键在于把握住对方的关注点，选择对方的兴趣点所在，适时引起对方的关注。总的来说，就是要学会察言观色。

我们俗话常说：“出门观天色，进门看脸色。”意思是说，在人际交往当中，我们应该学会察言观色，适时抛出自己的观点。相反，如果不懂得察言观色的话，那么到手的肉包子也会跑掉。

有一个寒窗苦读十年的秀才过五关斩六将，终于凭自己的实力得到了自己想要的位置：县令。

当他得到这个位置的时候，第一个想到的就是要去拜见自己的上司。由于是第一次去拜见上司，他也想不出应该说些什么话。于是，沉默了一会儿，他忽然问道：“请问大人尊姓大名？”

这位上司感觉得很是意外，也很吃惊，但还是勉强回答了他。

接着秀才又不说话了，开始低头思考，想了很久，又说：“百家姓里面好像没有大人的姓氏啊。”

上司更加觉得不可思议，说：“我是旗人，你不知道吗？”

秀才一听，突然站起来，说：“可否请教大人是哪一旗的？”

上司说：“正红旗。”

秀才说：“正黄旗最好，大人怎么不在正黄旗呢？”

上司勃然大怒，问：“贵县哪一省的人？”

秀才说：“广西。”

上司说：“广东最好，你为什么不在广东？”

秀才吃了一惊，这才发现上司满脸怒气，赶快起身告辞。

第二天，这秀才令接到上司的新任令，他得到的职位要比原来小得多了。究其原因，便是因其不会察言观色。

在人际交往中，许多人都希望得到他人的认可和赞美。所以当我们有求于人的时候，如果能够学会察言观色、投其所好，适时地说出自己的意图，即使再难办的事情，他们也会助你一臂之力。而不懂得察言观色、总让人难堪的人，显然就很难或者无法达到自己的目的了。

语气委婉才能让别人听得进去

现在的人多主张率性而为、张扬个性，在这样的情形下，有的人说话也是直来直去，这样的人可能是出于真诚，但有的时候，这样直来直去的语言，却不一定能都起到应有的效果，很多时候，话说得委婉一些，会让别人更好地接受。

楚顷襄王是一个毁誉参半的君王，但不理朝政、信用佞臣、害死屈原的就是他。

这顷襄王常常想：我这一辈子没有白活，想干什么就可以干什么，想要什么就能够有什么，身为君王，真是有福！这样的日子要是能够天长地久，该有多好！

于是，他盼望长生不老。随着年岁越来越大了，顷襄王也越来越怕死，他派出了许多的官员与随从亲信，四处去访仙求药，并在全国各地到处张贴告示：有能献给国王不死之药者，必有重赏。

然而，不死之药毕竟是难得，很长的时间过去了，顷襄王的努力仍然没有结果。

有一天，顷襄王正在后宫寻欢作乐，传令官进来报告说：有一个人在王宫外面声称，要献给大王不死之药。

顷襄王一听大喜，命令传令官速速取药来看。

当传令官拿着这所谓的不死之药走进王宫的时候，有个中射卫士问他："这药可以吃吗？"

传令官回答说："可以。"

中射卫士就把药抢过来吃到自己嘴里了。

传令官大惊失色，跑去把这件事报告了顷襄王，顷襄王顿时大发雷霆。他命令把中射卫士抓了进来，他要看看这人是个什么样的角色，是不是吃了豹子胆了。

当中射卫士被带进来的时候，他就像没事人似的显得十分地镇定。

顷襄王拍着桌子叫嚷："混蛋！你怎么敢吃我的不死之药？看我不把你剐了！"

那中射卫士淡淡一笑，心平气和地说："大王要是把我剐了，必定会后悔的。"

"为什么？"顷襄王被他的平静给镇住了。

"至少有两个原因：

"第一，我问过传令官这药可以吃吗？他说可以吃，我才把它吃了。所以，如果有罪的话，罪在传令官，却不在我。大王要是把我剐了，别人就会说大王不会执法，枉杀无辜。"

"狡辩！那第二个原因呢？"顷襄王的口气已经软了下来了。

"第二，如果那个人献的是真正的不死之药，我吃了就应该不会死，大王怎么能剐了我呢？既然大王能剐了我，就说明这不是真正的不死之药，那就是献药的人在欺骗大王；而我吃的既然不是不死之药，我就没有罪。大王怎么能杀掉无罪的臣子而表明别人欺骗了您呢？所以，大王一定不会治罪，反而会放过我的！"

听完这话，顷襄王的怒气渐渐平息下来，他想来想去，觉得中射卫士言之有理，只好把他放了。再后来，他也没有再派人去找什么不死的药方。

我们不得不佩服这位卫士的高明与胆识。他知道世界上没有不死之药，但是，如果直说的话，可能真的会惹来杀身之祸，于是，他比较委婉但很明确地用行动来表明他的意思。按我们现在的话来说，这名中射卫士巧妙地运用逻辑学原理。首先，他运用了句子的多义性。“这药可以吃吗?”既能表示为：这种药人可以吃吗?又能表示为：这药我可以吃吗?传令官理解的是第一层意思，中射卫士辩解时说它表示的是第二层意思。“不死之药”本身的含义，使得顷襄王不能杀死他。如果不死之药是真的，那么，既然他吃的是不死之药，顷襄王就不能杀死他；如果不死之药是假的，那么，他罪不该杀，顷襄王也不能杀死他。总之，顷襄王无论如何都不能杀他。这种逻辑推理也是无懈可击的。虽然顷襄王看出来他是在狡辩，却也一样是无可奈何的。可见，中射卫士是以这种方式巧妙地劝谏顷襄王，告诉他不死之药是不存在的，而应该一心一意地治理国家，那么，中射卫士更是一位难得的忠臣了。

曹操很喜爱曹植的才华，因此想废了曹丕转立曹植为太子。当曹操将这件事征求贾翊的意见时，贾翊却一声不吭。曹操就很奇怪地问：“你为什么不说话?”

贾翊说：“我正在想一件事呢!”

曹操问：“你在想什么事呢?”

贾翊答：“我正在想袁绍、刘表废长立幼招致灾祸的事。”

曹操听后哈哈大笑，立刻明白了贾翊的言外之意，于是不再提废曹丕的事了。

在南朝时，齐高帝曾与当时的书法家王僧虔一起研习书法。有一次，高帝突然问王僧虔说："你和我谁的字更好？"

这问题比较难回答，说高帝的字比自己的好，是违心之言；说高帝的字不如自己，又会使高帝的面子搁不住，弄不好还会将君臣之间的关系弄得很糟糕。

王僧虔的回答很巧妙："我的字臣中最好，您的字君中最好。"

皇帝就那么几个，而臣子却不计其数，王僧虔的言外之意是很清楚的。

高帝领悟了其中的言外之意，哈哈一笑，也就作罢，不再提这事了。

像上面的这些故事，在许多的场合中，有一些话是不好直说也不能直说而且也是无法明说的，于是，旁敲侧击绕道迂回，以委婉的口气去说，就成了人们所采用的方法了。并且，这样的对话，也不会让听话的人感到难堪，以能让自己免于被误会，可以说，委婉的说话方式确实是一种两全其美的方式。

会说还得会听

一个人学会说话时必须同时学会听话，这两个结合起来才叫会说话。

会说话要先具备没有偏颇的思想和耐心的态度。说话是为了交流，不是一个人的事情，别人问多少事，或表达思想时我们都要有耐心，而且不会觉得对方幼稚或无知。别人用简单方式问，我们就用简单的方式回答；别人用复杂方式问，我们就用复杂方式回答。

说话是为了表达我们内心的思想，而不是要找出别人的缺点，所以说话不要带出别人的缺点，这就好像去插别人的眼睛，不会有什么好的效果。

有时候你并不需要讲很多道理，只要耐心地去听，就是一个理解、接受、赞同别人的态度。别人有时候并不需要听什么大道理，只要你会听就可以了。

说话太多会导致我们的话没有分量。说话太多会使这个人把一些主意和想法在没有必要的场合和不关键的地方随便就说出来了，这常常使说话变成了一种炫耀，这就使你的话没有力量。所以要知道什么时候该说，什么时候不该说。不要让自己的话成了贴在厕所边的字画，显得不值钱。

说谎会使我们的话大打折扣，刚开始只是因为不说谎不行，但你没有警觉，结果养成了习惯，以后有没有必要都说谎，形成了惯性。但旁观者清，人家看到你的这种方式，就会认为你的话甚至你这个人不靠谱。

有些时候我们给别人提一些好的建议，但要看说话的时机，要注意用对方接受得了的方式。

如果是听到了各种的流言，我们要像一个法官一样不要绝对化，要知道对方从他的角度看这个人和事就会那么看那么想。我们像法官一样去听，因为我们的耳朵长在外面，人们的嘴长在前面，我们去客观地听，从不同的角度去听。

如果你知道真相，不一定要去辩护，因为说出真相，如果对方不接受，你的解释不但不能改变对方的看法，还可能形成新的隔阂和误会，要知道人和人本来就是不同的，有的人本来就是易误会别人的。

争论只有在两个人的心态都够好时才能使双方都获得启发，如果是完全僵硬的争论就成了为保全面子而争，没有什么意义。

我们常听人说，“说话＝会说话＋会听话”。这真是一种说话的艺术与方法。

我们每个人天天都在说话，却从没有意识到讲究一下说话的艺术与方法。两个人之间的对话，一问一答间在于交流。其实，一问一答，本身就是一种采访谈话的方式，我们会因为无意识而坦然而对这种方式；可如果一旦进入了正式的采访，人们就会拘谨或者是不自然得多了，这个道理仔细想来也是很有趣的。

从小到大，常听人说：“能干的不如会干的，会干的不如会说的，干得好不如说得漂亮，说得漂亮才能吃得香。”由此，说明了会说话在一个人的事业与工作上是如何地举足轻重！可仅仅会说话还很不够，一如人们平常所说的那样：“一个人学会说话的同时必须还得学会听话，这两个结合起来才叫会说话。”

在我们的身边，我们常常会看到有的人眼观六路、耳听八方，说话办事八面玲珑，为人处世滴水不漏，混迹江湖如鱼得水；也有的人，活了大半辈子，也吃了半辈子只会干、不会说的“哑巴亏”。这就更充分地说明了没有学会说话的时候，我们会受到很多的限制。而学会说话，也不是一日之功，并且又因为性格与内在个性等因素的影响，使得学会说话，也成了一种因人而异的但同时又极为重要的内容。

但是，毕竟是说好话对自己有利，会听话对自己更为有利。其实，在生活中，我们只要能够遵循下面的几个方面，就可以摘掉自己“不会说话”的帽子。

一是，说话要尊重对方。不能以己度人，也不能以个人好恶强加于人。

二是，说话要关照对方。不要触及对方的短处与痛处。

三是，说话要理解对方。有时别人与你说话，就是寻找一种宣泄的方式，这时，你只要做一个忠实的听众就行，沉默是金，关怀尽在不言中。

四是，说话要实在。不要东一榔头，西一棒槌，夸夸其谈，不着边际。

五是，说话要诚实。诚实是做人的基石。千金易得，诚信难求。失去诚实的人，是最失败的人，因为你所说的每一句话，所办的每一件事，对别人来说都失去了信任感和真实度，人们听你的话，就好似雾里看花不知所云。

六是，给人提建议和意见，要讲究方式方法，要看对方的接受能力，如果对方是那种固执己见、刚愎自用、自以为是的人，你还是收起自己的好心，好自为之的好！

七是，说话要公正。也就是说要设身处地，站在对方的角度去想问题，你就会对别人的话抱之宽容与接纳之心了。

八是，被人误会也要将心放平。难免会遇到一些个性偏颇、心态不正、遇人遇事总往坏处想的人，如果对方曲解了你的好意，也不要为此伤神，要学着用平常心处之。

九是，流言止于智者。我们常听人说：谁人背后不说人，谁人不被人来说。可见人的心理、生理是天生有着劣性与劣根的。但是我们还是要让自己简单一些、纯粹一些、阳光一些。爱惜自己的时间，不要浪费在传播流言上；爱惜自己的心灵，不要让流言的荒草萌生在自己的心灵天地；爱惜自己的耳朵，不要让流言污染自己的视听环境。

十是，好好说话，好好听话，学会说话，友善别人的同时也是在快乐着自己，同时也是和谐社会、和谐环境、和谐人际关系的重要一环。

第十章　热忱可以解决生活和工作的难题

热忱是一切成功的底蕴，也是追求物质幸福者所必备的一种核心精神。在日常生活与工作中，我们不论做什么事，都离不开热忱。拥有它，会让你能保持一份永远向上的动力，也能做一个真正快乐的人。热忱也是一个人成功的一个必要的条件，如果我们能保持对自己所从做事业的一分热忱的话，我们就会收获很多意想不到的东西。

热忱是成功的必要条件

不论我们做什么，都要有一份热忱，这样才是我们做事的先决条件，也是事业走向成功的先决条件。我们用卡耐基和他身边的人的例子可以充分地说明这一点。

正如卡耐基的说法，一个人成功的因素很多，而居于这些因素之首的就是热忱。卡耐基在全美国发表的演讲，还有在广播中、在与教师们开会的时候，一再提到这一点。他也常常把他所说的话应用在自己的生活和工作当中，他的成功也可以说就是归功于他热忱的力量。听过卡耐基演说的人都说他不是一个很好的演说家，他也不会用“演说专家”所用的辞藻。不过，他所发射出来的热忱从一开始就会抓住听众，而且会使听众从头到尾一直全神贯注地聆听他的演说。

卡耐基也把这种热忱贯注在他的教学里面。他看到听课的人有了进步，就会非常兴奋，以至于常常在下课之后还不想回家，而和他的同事根据当地的标准，来检讨学员们的进步情形，这样一直到深夜。

热忱是一种出自人内心的兴奋，它会散布和充满到整个人体和思想。在英文中的“热忱”这个字是由两个希腊字根组成的，一个是“内”，一个是“神”。事实上一个热诚的人，等于是有神在他的内心里一样。热忱也可以说是内心里的一种光辉，一种炽热的、精神的特质深存于一个人的内心。

在个人、团体、公司或者整个社区能够培养出一份热忱的话，其报偿必然是积极的行动、成功和快乐与幸福。卡耐基常常引述纽约中央铁路公司前总经理佛瑞德瑞克·魏廉生的话：“我越老越相信热忱是成功的秘诀。成功的人和失败的人在技术、能力和智慧上的差别通常并不是很大，但是如果两个方面都差不多的话，具有热忱的人将更能得偿所愿。一个人能力不足，但是如果具有一份热忱的话，他通常会胜过那些能力很强，但是欠缺热忱的人。”卡耐基认为，魏廉生的话清楚地反映出他自己的观念，因此他就写了一本小册子，谈论热忱的重要性，并把这本小册子发给卡耐基各班的每一个学员。

其实，热忱不能只是表面表现，必须是发自于一个人的内心，就算假装也不可能持续多久的。产生持久的方法之一就是定出一个目标，努力工作去达到这个目标，而在达到这个目标以后，再定出另外的一个目标，并且可以再次努力去达成。这样做可以给自己提供兴奋和挑战，如此就可以帮助一个人来维持热忱。

詹姆士·伦第威在二十世纪六十年代早期，参加卡耐基的课程，那时候的他还是一位保险公司的推销员。他极为热心于卡耐基的课程，以至于他被公司调到密苏里州圣路易市之后，就去找那里的卡耐基课程的经理雷德·史托瑞，志愿担任小组长（由毕业学员担任，做协助教师的工作），最后自己也获得了担任教师的资格。

一年时间不到，伦第威就升任了人事经理，并且在圣路易建立了业绩最佳的推销员群体。他已经有资格买凯迪拉克车了，但是他还是对自己不满意，他去找他的上司，说他如果做现在的工作，做久了就不会快乐了。他对上司说，他要做上司的工作或者与上司差不多的工作，否则在年底之前他就会辞职不干了。由于他做人事经理做得太好了，公司也不愿意失去他这样的人才。于是在第二年的年初，他被派到俄克拉何马州杜沙市担任分公司经理。以前公司在杜沙市没有分公司，没有推销人员，更没有顾客，但是不出一年伦第威雇用了四十二名推销员，并且打破了公司的推销纪录。

后来公司把他又调到波士顿的总公司，担任发展训练经理，负责在全美国各地设立分公司。过了一年，公司派他回到圣路易市，担任地区副总经理，而这时候，他才三十刚出头。不论在什么地方，只要有时间，他就会为卡耐基班上课。不到三十五岁，伦第威的职务又调动了，他被调为公司的副总经理。

不论是做什么，我们都需要一份热忱来让我们更加积极地做好自己分内的工作，把自己的人生经营得更好。

采取热忱的行动，人就会变得热忱

热忱可以鞭策一个人从浑噩中奋起做事。在纽约州柴第凯的凯布陆那医生，讲到他以前想寻求支持，在他那个郡里面成立美国防癌协会分会，但却遭到挫折的情形。他说："我提出每一个办法，每一项建议，别人都会说'我们以前做过，但是没有结果。'或者是'没有人会有兴趣'。我对此大为恼火，心里也很难过。但是接下来，下一天的早晨，我还会猛打电话。后来，我和我医院里的同事谈及此事，我不再像以前那样只是坐在办公桌前面，我站了出来，热忱地给大家说出我的理由和主张。我并没有到处乱跳乱蹦、乱叫乱喊，我只是表现出我的诚恳、热情、渴望和愿意追求一个目标。这种感觉是不容易描述出来的，但是可以从我的听众的密切注意和面部表情看得出来。结果是大家都愿意积极地活动，支持在我们那里成立这么重要的一个组织。”

事实上，征服畏惧的不二法门，是先去做他们最不感兴趣的事。因此培养热忱首先也要去处理他们最不感兴趣的事。而在努力工作以后，他们会发现这些事情，并不如他们以前所想的那样无趣或者困难。

“你怎么能够使学员的热忱增加五倍？”卡耐基的教师常常问他。在给他的同事茂瑞·莫休的一份备忘录中，卡耐基这样写着：

“第一，强迫自己采取热忱的行动，你就会逐渐变得热忱。

“第二，深入发掘你的题目，研究它、学习它，和它生活在一起，尽量搜集有关它的资料。这样做下去就会不知不觉地使你变得更为热忱。例如，我以前对于崇拜林肯并不热忱，直到我写了一本有关林肯的书以后才改变了看法，并且现在我非常热忱地崇拜他。华盛顿可能是和林肯一样伟大的人物，但是我对他并不如我对林肯那样崇拜，因为有关华盛顿的事我知道得并不太多。对于任何事情，只有在深入了解以后，你才会产生出热情。

“热忱是什么？热忱就是将内心的感觉表现到外面来，让我们把重点放在促使人们谈论他们最感兴趣的事，如果我们做到这一点，说话的人就会像呼吸一样的，不自觉地表现出生机。我们教课也要尽量从人们的内心来着手。”

卡耐基同时也警告不可以把热忱和大声讲话或者是呼叫混为一谈。他继续写道：“我说热忱，是指一种热情的精神特质，是深入人的内心里的。我喜欢称之为‘抑制的兴奋’。如果你内心里充满要帮助别人的热望，你就会兴奋。你的兴奋从你的眼睛、你的面孔、你的灵魂以及你整个为人方面辐射出来。你的精神振奋，而你的振奋也会鼓舞别人。”

身体健康是产生热忱的基础。一个人如果行动充满了活力，他的精神和情感也会充满了活力。很多的推销员、教师、商界的高级人物、专业人士以及其他的很多人，每天一早起来就做一些体能活动，像柔软操、慢跑或骑自行车，等等，这不但可以增进他们的健康，而且可以提高他们一天活动的精力和热忱。

提高热忱的另一种方法是，在做一件工作之前，自己先读一段鼓舞精神的讲话，或者说一些鼓舞的话。当然，鼓舞精神的讲话常由教练用来鼓舞球队，业务经理用来鼓励推销人员，以及其他人员用来鼓励一个团体。虽然自己对自己来一段精神讲话的情况并不很普遍，但是却极为有效的一种方式，效果就像教练对球员们上场前的讲话一样。卡耐基鼓励学员自己给自己来一段精神讲话，推销员去见一个人之前给自己来一段精神讲话，推销的时候就会讲得更好，也会更为成功；一个学员说他在向未婚妻求婚之前，就曾经给自己来过一段精神讲话。

一个女孩子说起她是如何以热忱来赢得工作的时候，这样讲述的：

她从秘书学校毕业出来以后，想找一份医药秘书的工作，由于她缺少这方面的工作经验，面试了好几次都没有成功，她就开始运用在卡耐基课程里学到的热忱原则。在她去面试的途中，她给自己来一段精神讲话，“我要得到这个工作，”她说，“我懂得这个工作。我是一个勤快而自律的人，我能够做好这个工作。医生将会视我为不可缺少的人。”在到办公室的途中，她一再对自己重复这些话。她充满信心地走进办公室，并且热忱地回答问题，医生最后雇用了她。几个月以后医生告诉她，当他看到她的申请表上列着没有任何经验的时候，他决定不用她，只是给她一次礼貌的谈话而已，但是她的热忱使他觉得应该试用她看看。她把热忱带进了工作，而成为很好的一名医药秘书。

热忱的行动，会让你成为一个对生活和工作充满热情与激情的人，这样的你，是更能接近成功的。

热忱的态度更重要

北大人认为，热忱对于有才能的人是最重要的，而对于普通人。它的作用却不仅仅是重要。它可能是你生命运转中最大的力量，使你获得许多你想要的东西。

热忱不是一个空洞的词，它是一种巨大的力量。热忱和人的关系如同蒸汽和火车头的关系，它是人生主要的推动力，也是一个普通人想要实现生活好、工作好最关键的心态。

卡耐基的办公室和家里都挂着一块牌匾，麦克阿瑟将军在南太平洋指挥盟军的时候，办公室里也挂着一块牌匾。他们两人的牌匾上写着同样的座右铭：

你有信仰就年轻，疑惑就年老；

你自信就年轻，畏惧就年老；

你有希望就年轻，绝望就年老；

岁月使你皮肤起皱，但是失去快乐和热忱就失去了灵魂。

这是对热忱最好的赞词。热忱能帮助你确立良好的工作心态。热忱、自信和兴趣结合在一起，你的工作就不会显得枯燥、辛苦和单调了。这种力量会使你充满活力，使你的工作量达到平时的两到三倍，而不会觉得疲倦。

或许你总是在想自己是一个各方面能力都一般化的人，经常用“我是一个普通人”的借口来原谅自己。假如你有这样的想法，那么你就要小心了，这样的心态会使你在还没有努力之前就已经失败了。它将是阻碍你获得幸福的最大障碍，使你与成功和金钱之间隔了一道厚厚的墙。

热忱的心态可以补充精力的不足，发展坚强的个性。有些人很幸运，天生就是个乐观向上的人，而有些人却需要后天培养来获得。

培养良好的心态并不难，首先要选择你最喜欢的工作和你最向往的事业。如果由于种种原因，你不能从事你喜欢的工作，那就把你想做的工作当作未来的目标吧。

热忱能培养信心。假如你现在失业了，需要一份收入来养家糊口，因而到某一条街上去摆地摊。很显然，你想从中获利，希望这能成为你的经济来源，当然你就要努力地去做这件事了。那么，从一开始你就要摆脱、避免一种失败者的态度，不能认为自己没有工作，连一家雇用你的公司也找不到，因而沦落至此。我们总能看到，身边好多人常常是在鼓励人们应该树立积极进取的信心，并常常这样告诫我们：

“没有人天生是失败的，失业是一件很平常的事，谁都会遇到困难。虽然我现在没什么可以利用的人际关系，也没有钱，但我有勤劳的品质，有乐观的心态，用不了太长时间，一切快乐和富裕，又都会回到身边。”

你必须用这样充满热忱和希望的想法面对生活，并把你的想法告诉你的亲人和朋友，以你的热忱来感染他们，得到他们的支持。

实事求是地去做事。就会永远保持热忱的心态。

首先应该确定目标，想到可能遇到的种种困难。假如你有烹调技术，想在夜市上卖特色小吃，你当然需要买一辆三轮车、各种灶具和炊具，还要了解原料的进货渠道、价格，所需要的工商手续以及摊点的地理位置、顾客流动量等情况。

除此之外，你还要考虑潜在的不利因素和困难。例如万一出现天气不好、车子坏了、原料不够以及遇到难以对付的竞争者等情况怎么办。

你要针对这些预想的困难，找出解决的办法。这样一来，你就能更坚强、更有信心，也就有了良好向上的心态，即使遇到别的难题也不会把你吓倒。

此后在每一天，你都应当考虑到可能的不利因素，冲抵营业收入，核算真正的收益，好像在经营一个企业一样。你的企业（就是目前的小吃摊）的所有情况，在你的心中都能一目了然。这个企业好像有了自己的生命，而且充满光彩。你就会感到内心中升起一股信心，最终获得成功。

一旦开始，就要坚持下去，不达到目的决不罢休。有一位白手起家的百货商场老板说过：

“只有对工作毫无热忱的人才会到处碰壁，而对工作抱有热忱的人，他做任何事都会成功。”

爱德会·亚皮尔顿是一位物理学家，发明了雷达和无线电报，获得过诺贝尔奖。《时代》杂志曾经引用他的一句话：“我认为，一个人想在科学研究上取得成就，热忱的态度远比专门知识更重要。”这句话若是出于普通人之口，可能不会被人重视。而出自成功者之口，那就意味深长了。既然在严谨的科学研究中热忱都那么重要，那么对从事一般工作的普通人来讲，岂不是应该占有更重要的位置！

其实，只要你确立的目标是合理的，并且充满热忱地积极去做，那么你就会收获成功。

与其说成功取决于一个人的才能，倒不如说成功取决于个人的热忱。这个世界为那些具有真正的使命感和自信心的人大开绿灯，到了生命终结的时候，他们都依然热情不减。无论出现什么困难，无论前途看起来多么的暗淡，他们总是会相信自己能够把心目中的理想蓝图变成现实的。

我们欣赏那些对工作满腔热情的人，热忱其实也是可以与大家分享的，它是一项分给别人之后反而会不断增加的资产。付出的越多，得到的也就越多。生命中最好的奖励并不是来自财富的积累，而是由热忱带来的精神上的满足。

当你兴致勃勃地工作，并努力使自己的老板和客户满意的时候，你所获得的利益就会增加。在你的言行中加入了热忱，就能吸引身边所有的人。如果你不能使自己全身心地投入到工作当中去，无论你多有才能或做什么工作，都不会取得满意的结果，那样的结果是，你最后会沦为平庸之辈，那么你的人生结局将和千百万的平庸之辈一样了。

热忱是工作的灵魂，甚至是工作本身。年轻人如果不能从每天的工作中找到乐趣，仅仅是因为要生存才不得不从事工作，这样的人注定要失败的。热忱也是战胜所有困难的强大力量，它会使你保持清醒，使全身所有的神经都处于兴奋状态，去进行你内心渴望的事。如果生活中没有了热忱，军队就不能打胜仗，雕塑就不会栩栩如生，诗歌就不会打动人的心灵，这个世界也就不会有那么多慷慨无私的爱。

热忱是所有伟大成就的取得过程中最具有活力的一种因素。最好的劳动成果总是由头脑聪明并具有工作热情的人来完成的。热忱，使我们的决心更加坚定；热忱，使我们的意志更加坚定。它给思想以力量，总能促使我们立刻去行动，直到把可能变成现实。不要畏惧热忱，如果有人以半怜悯半轻视的语调把你说成是一个狂热分子，那么就让他那么说吧。如果是一件值得你去付出和挑战的事情，那么就把你能够发挥的全部热忱都投入其中吧！

“想要”得到，就要有热忱

你的人生中有多少个十年，会在一眨眼中就不见了，你这辈子就在平平淡淡中浪费了你的生命，所以，请大家千万不要幻想自己会拥有一些成果；也千万要下定决心，因为你的人生决定于你所做的决定。

成功有三个最重要的秘诀：第一个就是下定决心；第二个还是下定决心；第三个，那当然还是下定决心。

凡事成功都要下定决心，很多人就会问了："万一下定决心，可是还不成功怎么办?"事实上，这样的想法只能体现出一种不自信了，这根本是一派胡言，怎么可能下定决心还不成功呢，假如下定决心了还不成功，那就表示他不是真正地下定决心，因为如果他真正地下定决心了，那他的决心就一定会帮助他坚持到底，遇到困难决不放弃，直到成功为止，这才是真正地下定决心。

一位资深的推销业界精英，是这样讲述他的经历的：

我记得我十七岁的时候在做推销员，我所有的亲戚朋友，都非常反对我做推销员，所以，我只好做陌生的拜访，可是我又不大敢做陌生的拜访，因为我害怕敲别人家门或跟陌生人谈论产品的时候，会被他们拒绝，因此业绩一直无法突破。

直到有一天，我的经理跑来找我，他说："你今天跟我去做拜访。"

结果我就跟他下楼走到马路上，他看到对面走来一个小女孩，就告诉我说："假如我现在走过这条马路没有办法向她推销产品的话，我走回马路时就被车撞死给你看。"当时我听了吓了一大跳，惊讶于他怎么可能会说出这种话。

于是我看他走过了马路，开始向这位小女孩推销产品，经过了十五分钟之后，他终于把产品卖出去了。

于是，隔天我也想如法炮制。我走下楼，开始去向陌生人做推销。可是，当我向陌生人开口的时候，头脑里马上就会不自觉地想到万一被拒绝怎么办，于是我又打退堂鼓了。

后来我回公司里面，找了一位同事并带他下楼，对他说："你看着，假如我无法向对面那个陌生人推销产品的话，我走过马路来就被车撞死给你看。"

当我说完这句话的时候，我脑海里其实是一片空白的，根本不知道我即将如何做推销。我硬着头皮走了过去，开始与陌生人做交谈，我根本不知道我要说什么，但是我又不能走回头路，因为，我刚刚做过承诺、发过誓了，于是我使出浑身解数向这位陌生人推销产品，经过了二十几分钟之后，不可思议的事情发生了：他终于买了我的产品。

后来我发现，原来是我的决心帮助了我推销成功。

在我二十岁那年，我上了一个课程，在课堂上老师告诉我："下一次还有一个课程非常棒，这个课程可以帮助我们激发所有的潜能，让自已能够成为顶尖人物。"

我说："这个课程很好，可我没有钱，等我存够了钱再上。"这时候老师对我说："你到底是想成功，还是一定要成功！"

我说："我一定要成功。"他又问我："假如你一定要成功的话，请问你会怎么处理这个事情？"

于是我说，我立刻借钱来上课。当然的，上完课之后，我有了很大的成长。

于是，老师又告诉我们："下次还有一个课程，还是相当棒，会教给我们领导与推销方面的知识。"

我听了之后非常兴奋，可是我没有钱，我只好等到明年再上。

当时老师又问我："告诉我，你到底是想成功，还是一定要成功!"

我又回答："我当然一定要成功啊!"

"你一定要成功，那你要等到什么时候才来上课，你的收入不够，所以你没有钱，你更应该来上课才是，你说是不是呢?"于是，我又借钱来上课，就这样，反反复复，我一共借了十几万来上课。

当上完这些课程之后，我的人生产生了一个非常大的改变，我认为这一辈子都是在那几次课程中塑造出来的。

后来我分析，到底我的人生是怎么改变的，发现答案只有四个字，那就是："下定决心"。

"想要"和"一定要"是不一样的，很多事情看起来很困难，可是当你下定决心以后，它就变得非常简单。

很多人时常把下定决心挂在嘴边随便说说，今天说："我决定要这么做了。"明天又说，"我决定要那么做了。"后天又说，"我决定放弃了。"他们都没有把下定决心当作是一件严肃的事情。

我认为真正的决定是一种强烈的欲望，就是那种不成功决不罢休的欲望，一定要做到成功为止。否则决不放弃，这才是真正的下定决心。

我从事这个工作八年了，能够坚持到今天，甚至还能够出书分享我的经验，我想完全是因为八年前深深地下定了一个决心——我将来一定要成功！

记住，你的人生从你下定决心那一刻开始改变，你所做出的任何一个决定都决定了你的人生。我有很多学员他们有的说想戒烟，有的说他们想转行，他们都是想要突破自我，可是经过了很多年，尝试了很多次，还是不成功。我将这一种观念告诉他们，结果他们现在都有相当大的转变。

所以，各位朋友，千万不要在那“想”成功了，你想成功一辈子也不会成功的。不相信你去问在路上的乞丐他们想不想成功？他们可能也想成功；你去问餐厅的服务员，他们想不想月收入十万？他们也想；你去问在等公共汽车的老太太，他们想不想坐奔驰车？她当然也想，可他们为什么做不到呢？因为他们都只是“想”，这就像幻想一样。

我们再来看这样的一个故事吧：

一天夜里，已经很晚了，有一对年老的夫妻走进一家旅馆，他们想要一个房间。前台侍者回答说：“对不起，我们旅馆已经客满了，一间空房也没有剩下。”看着这对老人疲惫的神情，侍者又说：“但是，让我来想想办法……”

这个故事接下来的表达有很多种方式，其中，文学性的故事是这样继续的。这个年轻的侍者更富有人性和爱心，也有一份为人服务的热情，他当然不忍心深夜让这对老人出门去另找住处。

而且在这样一个小城，恐怕其他的旅店也早已客满打烊了，这对疲惫不堪的老人岂不会在深夜流落街头？于是这个好心的侍者将这对老人领到一个房间，说："也许它不是最好的，但现在我只能做到这样了。"老人见眼前的其实是一间整洁又干净的屋子，就愉快地住了下来。

第二天，当他们来到前台结账的时候，那位侍者却对他们说："不用了，因为我只不过是把自己的屋子借给你们住了一晚——祝你们旅途愉快！"原来如此。把房间让给两位老人以后，这个侍者自己一晚没睡，他就在前台值了一个通宵的夜班。这让两位老人十分感动。那老头儿就说："孩子，你是我见到过的最好的旅店经营人。你会得到报答的。"这侍者笑了笑，说这算不了什么。他送老人出了门，转身接着忙自己的事，后来，他就把这件事情忘了个一干二净。可是，没想到有一天，侍者接到了一封信函，打开看的时候，里面有一张去纽约的单程机票并附有简短的附言，聘请他去做另一份工作。他乘飞机来到纽约，按信中所标明的路线来到一个地方，抬眼一看，一座金碧辉煌的大酒店耸立在他的眼前。原来，几个月前的那个深夜，他接待的是一个有着亿万资产的富翁和他的妻子。富翁为这个侍者买下了一座大酒店，深信他会经营管理好这个大酒店。这就是全球赫赫有名的希尔顿饭店首任经理的传奇故事。

热忱与专注，让人能有出其不意的成果

我们在日常的生活和工作中，都能看到，有一些人在做一些事情的时候，都是有自己独特的能拿出手的一面，能有这样的一种成果，其实是与人的热忱与专注是分不开的。

据说，明朝万历年间，中国北方的女真为患。皇帝为了要抗御强敌，决心整修万里长城。当时号称天下第一关的山海关，却早已年久失修，其中“天下第一关”的题字中的“一”字，已经脱落多时了。万历皇帝募集各地书法名家，希望恢复山海关的本来面貌。各地名士闻讯，纷纷前来挥毫，但是，经过很长的时间，没有一个人的字能够书写出天下第一关的原味。皇帝于是再次下了昭告，只要能够雀屏中选的，就能够获得最大的重赏。经过严格的筛选，最后中选的，竟是山海关旁一家客栈的店小二，这结果真是让人们跌破眼镜。

在题字当天，整个会场被挤得水泄不通，官家也早就备妥了笔墨纸砚，等候店小二前来挥毫。只见主角抬头看着山海关的牌楼，舍弃了狼毫大笔不用，拿起一块抹布往砚台里一蘸，大喝一声：“一”，出手十分干净和利落，纸上立刻出现绝妙了一个的“一”字。旁观者莫不给予惊叹的掌声。有人好奇地问他：为何

能够把“一”字写得如此成功，其中的秘诀是什么？他被问之后，久久无法回答。后来勉强地回答说：其实，他也没有什么秘诀，只是在这里当了三十多年的店小二了，每天在擦桌子的时候，抬头就能望见牌楼上的“一”字，于是总是照着一挥一擦的，时间久了就这样了而已。

看客们都明白了，原来这位店小二，他的工作地点，正好面对山海关的城门，每当他弯下腰，拿起抹布清理桌上的油污之际，刚好这个视角，正对准“天下第一关”的一字。因此，他不由自主地天天看、天天擦，数十年如一日，久而久之，就熟能生巧、巧而精通，这就是他能够把这个“一”字，能够临摹到炉火纯青、惟妙惟肖的原因。

其实，这个有趣的故事，正是反映了一个颠扑不破的道理：练习造就完美，熟练才能精通。举凡一些在各行各业出类拔萃的顶尖人士，尽管这些顶尖人物优点不一而足，成就也在不同领域开花结果。但他们却都有一个共通也是一个最基本的特点：热忱、专注与精通。因为热忱，所以能够投入强大的动力与能量；因为专注，才能心无旁骛勇往直前；也更因为热忱与专注，才能达到专业与精通的境界。

还是一个听来的故事：

飞机起飞之前，一位乘客请求一位空姐给他倒一杯水，他要吃药。这位空姐很有礼貌地说：“先生，为了您的安全，请稍等片刻，等飞机进入平稳飞行以后，我会立刻把水给您送过来，好吗?”

十五分钟以后，飞机早已进入了平稳飞行的状态。突然，乘客服务铃急促地响了起来，空姐猛然地意识到：糟了，由于太忙，她忘记给那位乘客倒水了！当空姐来到了客舱，看见按响服务铃的果然是刚才那位乘客。她小心翼翼地把水送到那位乘客跟前，面带微笑地说：“先生，实在对不起，由于我的疏忽，延误了您吃药的时间，我感到非常抱歉。”这位乘客抬起左手，指着手表说道：“怎么回事，有你这样服务的吗?”空姐手里端着水，心里感到很委屈，但是，无论她怎么解释，这位挑剔的乘客都不肯原谅她的疏忽。

接下来的飞行途中，为了补偿自己的过失，每次去客舱给乘客服务的时候，这位空姐都会特意地走到那位乘客面前，面带微笑地询问他是否需要水，或者是需要别的什么帮助。然而，那位乘客余怒未消，摆出一副不合作的样子，并不给这位空姐一点的机会。

临到达目的地之前，那位乘客要求空姐把留言簿给他送过去，很显然，他要投诉这名空姐了。此时空姐的心里虽然感到很委屈，但是仍然不失职业道德，显得非常有礼貌，而且依然面带微笑地对这位乘客说道：“先生，请允许我再次向您表示真诚的歉意，无论你提出什么意见，我都将欣然接受您的批评!”那位乘客脸色一紧，嘴巴准备说什么，可是却没有开口，他接过留言簿，开始在本子上写了起来。

等到飞机安全降落了，所有的乘客都陆续地离开以后，空姐本以为这下完了。没想到的是，等她打开留言簿，却惊奇地发现，那位乘客在本子上写下的并不是投诉信，相反，这是一封热情洋溢的表扬信。

是什么使得这位挑剔的乘客最终放弃了投诉呢？在信中，空姐读到这样一句话："在整个过程中，您表现出的真诚的歉意，特别是你的十二次微笑，深深打动了我，使我最终决定将投诉信写成表扬信！你的服务质量很高，下次如果有机会，我还将乘坐你们的这趟航班。"这里的空姐的表现，其实我们在别的服务行业里也能看到的，如果没有一份对工作的热忱与专注，她是不会总这样面带笑容的。而很明显的，我们看到了乘客对她工作的肯定其实也是源于她的热忱与专注，所以，请大家相信这样的一个事实吧，无论生活还是工作中，如果我们有一份专注与热忱，我们将会更出色，而且会更加被人们认可。